SABER HACER contigo

6 PRIMARIA Matemáticas

El libro **Matemáticas** para el 6.º curso de Primaria es una obra colectiva concebida, diseñada y creada en el Departamento de Ediciones Educativas de Santillana Educación, S. L., dirigido por **Teresa Grence Ruiz**.

En su elaboración ha participado el siguiente equipo:

TEXTO Y EDICIÓN
José Antonio Almodóvar Herráiz
Jordi Bosch Argelich
Ana de la Cruz Fayos
Jesús Escudero Martín
Pilar García Atance
Silvia Marín García
Magdalena Rodríguez Pecharromán
Domingo Sánchez Figueroa
Manuel Santiago Espejo

ILUSTRACIÓN
Agustín Comotto
Carlos Díaz Herrera
Eduardo Leal Uguina

EDICIÓN EJECUTIVA
José Antonio Almodóvar Herráiz

DIRECCIÓN DEL PROYECTO
Domingo Sánchez Figueroa

DIRECCIÓN Y COORDINACIÓN
EDITORIAL DE PRIMARIA
Maite López-Sáez Rodríguez-Piñero

Las actividades de este libro no deben ser realizadas en ningún caso en el propio libro. Las tablas, esquemas y otros recursos que se incluyen son modelos para que el alumnado los traslade a su cuaderno.

SANTILLANA

Cuadro de contenidos

Unidades	Información y actividades
1. Números naturales. Potencias	• Números de hasta nueve cifras • Operaciones combinadas • Potencias • Expresión polinómica de un número • Raíz cuadrada • Números romanos Tratamiento de la información. Gráficos lineales
2. Divisibilidad	• Múltiplos y divisores • Criterios de divisibilidad • Cálculo de todos los divisores • Números primos y compuestos • M.c.m. y m.c.d. • Problemas de m.c.m. y m.c.d.
3. Números enteros	• Números enteros • Comparación de enteros • Suma y resta de enteros • Coordenadas cartesianas Tratamiento de la información. Proyecto con gráficos lineales
4. Ángulos y circunferencia	• Tipos de ángulos • Simetría y traslación • Semejanza • La circunferencia. Longitud • El círculo y las figuras circulares • Posiciones relativas con rectas
5. Fracciones. Operaciones	• Números mixtos • Fracciones equivalentes • Reducción a común denominador • Comparación de fracciones • Suma de fracciones • Resta de fracciones • Multiplicación de fracciones • División de fracciones Tratamiento de la información. Histogramas
6. Números decimales. Operaciones	• Comparación y aproximación • Suma y resta de decimales • Multiplicación de decimales • Estimación de operaciones
7. División de números decimales	• División de decimales • Obtención de cifras en el cociente • Problemas con decimales • Expresión decimal de una fracción Tratamiento de la información. Proyecto con histogramas
8. Medida	• Longitud, capacidad y masa • Superficie • Volumen con un cubo unidad • El metro cúbico. Submúltiplos • El metro cúbico. Múltiplos • Volumen y capacidad • Sistema sexagesimal
9. Proporcionalidad y porcentajes	• Proporcionalidad • Porcentajes • Problemas de porcentajes • Escalas: planos y mapas Tratamiento de la información. Análisis de gráficos de barras y lineales
10. Área de figuras planas	• Base y altura • Área de paralelogramos • Área del triángulo • Área de polígonos regulares • Área del círculo • Área de figuras planas
11. Cuerpos geométricos. Volumen	• Poliedros • Cuerpos redondos • Volumen de prismas y pirámides • Volumen de cuerpos redondos Tratamiento de la información. Análisis de pictogramas e histogramas
12. Probabilidad y estadística	• Frecuencia absoluta y relativa • Media y moda • Mediana y rango • Probabilidad

Solución de problemas	Cálculo mental	Saber hacer	Matemáticas manipulativas
• Pasos para resolver un problema	• Sumar 1.001, 2.001, 3.001... • Restar 1.001, 2.001, 3.001...	• Elegir un presupuesto	• Juega con las potencias
• Relacionar enunciado y resolución	• Sumar 999, 1.999, 2.999... • Restar 999, 1.999, 2.999...	• Organizar un campamento	• Juega con los múltiplos
• Sacar conclusiones de un enunciado	• Sumar por compensación (I) • Sumar por compensación (II)	• Interpretar datos geográficos	• Juega con los números enteros
• Elaborar tablas de informaciones	• Restar por compensación (I) • Restar por compensación (II)	• Realizar un diseño	• Juega con los ángulos
• Extraer datos de la resolución	• Multiplicar por decenas, centenas y millares • Dividir entre decenas, centenas y millares	• Estudiar la pureza de una joya	• Juega con las fracciones
• Cambiar los datos	• Multiplicar decimales por 10, 100... • Dividir decimales entre 10, 100...	• Analizar la Bolsa	• Juega con los decimales
• Explicar qué se ha calculado	• Multiplicar un número natural por 2 • Dividir un número natural entre 2	• Entender la etiqueta de un producto	• Juega con las divisiones
• Elegir preguntas que se pueden resolver	• Multiplicar un número natural por 5 • Dividir un número natural entre 5	• Analizar datos hidrológicos	• Juega con la medida
• Escribir la pregunta que se responde con unos cálculos	• Multiplicar un número natural por 11 • Multiplicar un número natural por 9	• Interpretar información científica	• Juega con los porcentajes
• Anticipar una solución aproximada	• Multiplicar un número natural por 4 • Dividir un número natural entre 4	• Diseñar envases	• Juega con las áreas
• Elegir la solución correcta	• Calcular el 10 % de un número • Calcular el 50 % de un número	• Trabajar con densidades	• Juega con cuerpos geométricos
• Determinar varias soluciones	• Calcular el 20 % de un número • Calcular el 25 % de un número	• Realizar un control de calidad	• Juega con la probabilidad

Cálculo mental

Multiplica un número por 11

× 11

35 → (× 10) → 350 → (+ 35) → 385

14 × 11	300 × 11
17 × 11	400 × 11
20 × 11	510 × 11
26 × 11	630 × 11

Multiplica un número por 9

× 9

36 → (× 10) → 360 → (− 36) → 324

12 × 9	230 × 9
23 × 9	340 × 9
35 × 9	780 × 9
45 × 9	890 × 9

Varias multiplicaciones

Escribe la multiplicación en la que:

- Uno de sus factores es 11 y su resultado es 495.
- Uno de sus factores es 9 y su resultado es 378.

Pequeños problemas

Calcula mentalmente

1. Mónica camina 15 km cada día. ¿Cuánto caminó del día 2 al día 12 de marzo?
2. Cada caja tiene 15 pinturas. Marta y sus ocho amigos han comprado una caja cada uno. ¿Cuántas pinturas han comprado en total?
3. Este año Juana ha actualizado 11 veces los 45 ordenadores de su empresa. ¿Cuántas actualizaciones ha realizado?

¿Qué sabes ya?

Fracciones decimales

Una fracción decimal tiene como denominador la unidad seguida de ceros: 10, 100, 1.000… Toda fracción decimal puede expresarse como número decimal, y viceversa.

$\frac{27}{100} = 0{,}27$

2 ceros
2 cifras decimales

$3{,}8 = \frac{38}{10}$

1 cifra decimal
1 cero

Multiplicación de decimales

Para multiplicar dos decimales se multiplican como si fueran naturales y en el resultado se separan, con una coma, a partir de la derecha, tantas cifras decimales como tengan entre ambos.

```
     4,2 3  ◄ 2 cifras decimales
 ×     2,4  ◄ 1 cifra decimal
   1 6 9 2
   8 4 6
 1 0,1 5 2  ◄ 3 cifras decimales
```

1 **Expresa cada fracción decimal como un número decimal y, después, multiplica.**

- $\frac{9}{10} \times 4{,}7$
- $\frac{42}{10} \times 0{,}74$
- $\frac{5}{100} \times 11$
- $\frac{14}{100} \times 9$
- $\frac{175}{100} \times 3$
- $\frac{27}{1.000} \times 11$
- $\frac{714}{1.000} \times 9$
- $\frac{64}{1.000} \times 2{,}8$
- $\frac{3.042}{1.000} \times 5{,}42$

9 Proporcionalidad y porcentajes

Tiempo para leer

Seguro que, si piensas en un animal del desierto, el primero que te viene a la mente es el camello o el dromedario. Estos animales ayudaban a los pueblos nómadas para realizar largos viajes debido a la capacidad que tienen para recorrer grandes distancias sin beber agua.

Mientras que una persona moriría por deshidratación si perdiera más de un 12 % de su peso, los camellos pueden llegar a perder el 25 % de su peso y sobrevivir. En la Antigüedad se pensaba que sus jorobas estaban llenas de agua y por eso resistían sin beber. En realidad, su contenido es grasa, que les sirve de reserva de energía.

Tiempo para hablar

- El 30 % de una cantidad significa que dividimos esa cantidad en 100 partes iguales y tomamos 30 de ellas. ¿Qué otros porcentajes aparecen en el texto de la izquierda?
- Imagina que una persona pesa 100 kg. Según el texto, ¿cuántos kilos puede perder esa persona como máximo antes de morir por deshidratación?
- ¿Cuántos kilos podría perder un camello que pesara 100 kg como máximo? ¿Y si pesara 200 kg? ¿Y 500 kg?
- Escribe otros dos porcentajes y explica qué significan.

Proporcionalidad

- En la pastelería de Marisa, una tarta de manzana cuesta 3 €. ¿Cuánto costarán 5 tartas de manzana?

En la tabla aparece el número de tartas y su precio.

× 3 | : 3

Número de tartas	1	2	3	4	5
Precio (€)	3	6	9	12	15

Observa que en la tabla podemos pasar de los números de una fila a los de la otra multiplicando o dividiendo entre 3.

Por eso, las series de números 1, 2, 3, 4, 5 y 3, 6, 9, 12, 15 son dos series de **números proporcionales** y la tabla es una **tabla de proporcionalidad**.

- Esta mañana, Marisa ha vendido 8 tartas de manzana en una hora. ¿Podemos saber cuántas tartas venderá en 4 horas?

No podemos saberlo, porque en cada hora no venderá siempre el mismo número de tartas. Por eso, el número de tartas que vende no es proporcional al número de horas.

1 Lee y contesta.

- Teresa camina todos los días 3 km.
  - ¿Puedes calcular cuántos kilómetros recorre en 5 días? ¿Podrías hallar los kilómetros que recorre en una semana?
  - ¿Son proporcionales el número de kilómetros y el número de días?
- Jorge mide 140 cm y pesa 36 kg.
  - ¿Puedes saber su peso cuando medía 70 cm? ¿Podrías saberlo cuando mida 150 cm?
  - ¿Son proporcionales la altura y el peso? ¿Por qué?

2 Copia y completa en tu cuaderno las tablas de proporcionalidad.

× 4 | : 4

1	3	5	7	8	9
4	12				

× 5 | : 5

2	3	5	7	8	9
	15				

× … | : …

5					
30	18	36	42	54	60

× … | : …

4		7		9	
12	15		24		30

3 Copia y completa en tu cuaderno cada tabla de proporcionalidad.

- Cuatro amigos han comido de menú y han pagado 48 €. ¿Cuánto costarán 5 menús? ¿Y 8 menús?

× … / : …

N.º de menús	1	4	5	8
Precio (€)		48		

- En un restaurante han servido 6 cajas de helados para los postres. Han sido 108 helados en total. ¿Cuántos helados habrá en 4 cajas? ¿Y en 8 cajas?

× … / : …

N.º de cajas	1	6	4	8
N.º de helados				

Calcula primero el precio de un menú.

Problemas

4 Resuelve.

- Un grupo de 4 amigos va al cine y las entradas les han costado 24 €. ¿Cuánto pagaría en total un grupo de 7 amigos por sus entradas?
- Abel ha colocado 96 pasteles en bandejas iguales. En total ha utilizado 8 bandejas. ¿Cuántas bandejas necesita para colocar 108 pasteles? ¿Cuántos pasteles colocará en 7 bandejas?
- Lucía lleva en su furgoneta una carga de 900 kg en 45 cajas iguales. ¿Cuántas cajas tendrá que llevar para cargar 1.140 kg?
- Carmela compra 4 bollos iguales por 2,80 € y 6 zumos iguales por 7,20 €. ¿Cuánto tendrá que pagar si compra 6 bollos y 8 zumos?

RETO

Tres amigos pagaron 600 € por alojarse 4 noches en un hotel. ¿Cuál fue el precio por persona y noche? ¿Cuánto habrían pagado por 3 noches?

EMOCIONES

Piensa y contesta.

David y Míriam son hermanos. David tiene 120 € y Míriam 60 €. Quieren hacer a su madre un regalo que cuesta 30 €.

- ¿Cuánto crees que debería poner cada uno para el regalo? ¿Por qué piensas eso?
- ¿Coincide tu respuesta con la de otros compañeros o compañeras?

Porcentajes

A una función de teatro han ido 200 personas.

De ellas, 35 de cada 100, es decir, $\frac{35}{100}$ eran jóvenes.

Las fracciones que tienen como denominador 100 se llaman **porcentajes** o **tantos por ciento**.

Fracción		Porcentaje	Lectura
$\frac{35}{100}$	=	35 %	35 por ciento

Un porcentaje es una fracción que tiene como denominador 100.

1 Copia y completa la tabla.

Porcentaje	10 %	29 %				
Lectura	10 por ciento		39 por ciento			
Fracción	$\frac{10}{100}$			$\frac{47}{100}$		
Número decimal	0,1				0,7	
Significado	10 de cada 100					6 de cada 100

2 Cuenta y escribe el porcentaje que hay de cada color.

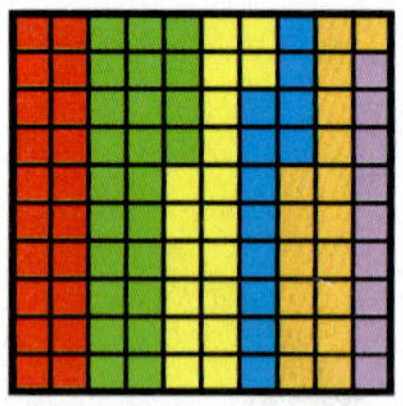

EJEMPLO ■ ▶ $\frac{20}{100}$ = 20 %

- ¿Cuánto suman todos los porcentajes?

3 Piensa si las siguientes interpretaciones de las oraciones son correctas y corrige las que no lo sean.

- El 40 % de los visitantes eran de Japón.
  Interpretación: hubo 100 visitantes y 40 eran de Japón.
- De cada 100 helados vendidos, 75 son de fresa.
  Interpretación: el 75 % de los helados vendidos son de fresa.
- Fueron al viaje 100 personas, siendo 80 de ellas mujeres.
  Interpretación: el 40 % de los viajeros eran hombres.
- El 10 % de las aves eran loros, el 5 % águilas y el resto búhos.
  Interpretación: el 85 % de las aves eran búhos.

4 Escribe para cada dibujo la fracción decimal, el porcentaje, el número decimal y la expresión en cuartos correspondiente.

RETO

¿Cuál es mayor? Calcula y comprueba.

El 40 % de 500.

El 20 % del 20 % de 500.

5 Calcula.

HAZLO ASÍ

Calcular un porcentaje de un número es lo mismo que hallar la fracción de ese número.

$$12\,\% \text{ de } 500 = \frac{12}{100} \text{ de } 500 = \frac{12 \times 500}{100} = \frac{6.000}{100} = 60$$

El 12 % de 500 es igual a 60.

- El 6 % de 50.
- El 8 % de 150.
- El 15 % de 860.

Problemas

6 Resuelve.

- El 15 % de las 800 personas de un pueblo juegan al ajedrez. ¿Cuántas personas del pueblo juegan al ajedrez?
- En un parque hay 600 árboles. El 30 % son pinos. ¿Cuántos árboles no son pinos?
- Aurora tiene 80 cómics y Martín tiene 90. El 30 % de los cómics de ambos son de superhéroes. ¿Cuántos cómics de superhéroes tiene cada uno?
- En un estanque hay 850 peces de colores variados. Un 36 % son azules y un 50 % son verdes. ¿Cuántos peces hay de otros colores? ¿Qué porcentaje del total representan?
- El 20 % de las 900 socias de un gimnasio llegan en bicicleta. De ellas, un 50 % son jubiladas. ¿Cuántas jubiladas llegan al gimnasio en bicicleta?

PENSAMIENTO

Piensa, calcula y contesta.

- María tiene 300 fichas. Son rojas 240 fichas y, de ellas, 60 son triángulos. ¿Podemos decir que el 20 % de las fichas de María son triángulos rojos? ¿Es correcto decir que el 20 % de las fichas no son de color rojo?

Problemas de porcentajes

Bernardo compra para su tienda de electrodomésticos un lote de televisores a 750 € cada uno. Quiere ganar en cada televisor un 16 % del precio de compra. ¿Cuál debe ser el precio de venta de cada televisor?

1.º Calcula el 16 % del precio de compra del televisor.

$$16\,\%\text{ de }750 = \frac{16 \times 750}{100} = \frac{12.000}{100} = 120$$

2.º Suma el porcentaje obtenido al precio del televisor.

$$750 + 120 = 870$$

El precio de venta de cada televisor debe ser de 870 €.

1 Fíjate en los precios sin rebaja y completa la tabla en tu cuaderno.

TODOS LOS ARTÍCULOS REBAJADOS UN 25 %

	Precio sin rebaja	Euros que se rebajan	Precio final
Camisa			
Jersey			
Zapatillas			
Pantalón			
Cazadora			

2 Resuelve.

- Un tren tenía 150 plazas y el billete costaba 40 €. El nuevo modelo tiene un 14 % más de plazas y el billete cuesta un 10 % menos. ¿Cuántas plazas hay en el nuevo modelo? ¿Cuánto cuesta cada billete?
- En una exposición de pintura hay 450 cuadros. El 28 % de los cuadros son de paisajes, el 16 % de plantas y el resto de ciudades. ¿Cuántos cuadros de ciudades hay en la exposición?
- Serafín quiere comprar una nevera que cuesta 500 € más el 21 % de IVA. Tiene ahorrados 600 €. ¿Puede comprarla? ¿Cuánto le falta o le sobra?
- En un club de alpinismo hay inscritas 200 personas. El 40% de ellas son hombres y, de los hombres, un 20% son jubilados. ¿Cuántos hombres jubilados hay en el club?

3 Calcula cada porcentaje.

HAZLO ASÍ

Juan tiene 120 €. ¿Qué porcentaje del total son 24 €?

Con los datos del problema construye y completa la tabla de proporcionalidad. Fíjate en que 120 : 24 = 5.

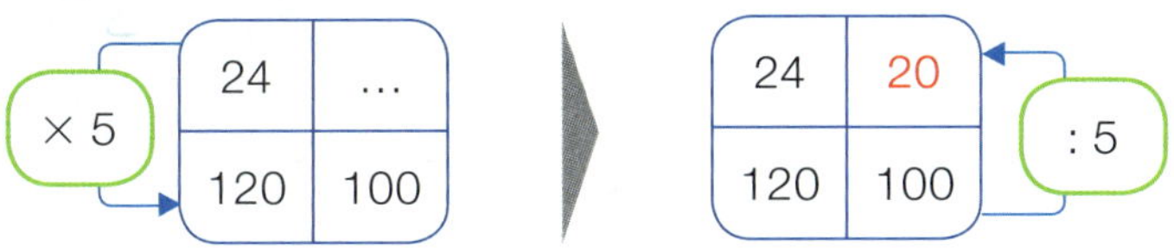

24 € son un 20% del total del dinero de Juan.

RETO

Halla el 30 % del 40 % de 500. El resultado que obtienes, ¿qué porcentaje es de 500?

- La sala de un museo alberga una exposición de insectos. En total hay 90 insectos y 45 de ellos son mariposas. ¿Qué porcentaje de los insectos son mariposas?
- Ernesto ha comprado un huerto con 65 árboles frutales. De todos los árboles, 13 son manzanos. ¿Qué porcentaje de los árboles son manzanos?
- Marina está leyendo un libro de 120 páginas. Tienen fotos 30 páginas. ¿Qué porcentaje de las páginas tienen fotos?
- Valentina ha recibido en su tienda un total de 140 teléfonos móviles. De ellos, 14 no tienen cámara. ¿Qué porcentaje de los teléfonos no tienen cámara?
- La compañía aérea *A* ha puesto en venta 240 billetes, y de ellos 24 tienen una oferta. La compañía *B* ha puesto en venta 140 billetes, 28 de ellos con oferta. ¿Qué compañía tiene más porcentaje de billetes con oferta?

PENSAMIENTO

Calcula y contesta.

- ¿Qué tarro de mermelada contiene más gramos de azúcar? ¿Y menos?
- ¿Qué tarro de mermelada tiene mayor porcentaje de azúcar?
- ¿Cuántos gramos de azúcar contiene un tarro de 1 kg de mermelada que tiene el mismo porcentaje de azúcar que el tarro morado?

Escalas: planos y mapas

El ayuntamiento de una ciudad ha recibido el plano del nuevo parque infantil. El plano está hecho a escala 1:450. ¿Cuáles son las medidas reales de la zona verde?

La **escala** 1:450 indica que 1 cm del plano representa 450 cm en la realidad.

Para calcular las medidas reales de la zona verde sigue estos pasos:

1.º Mide en el plano el largo y el ancho de la zona verde en centímetros.

Largo ▶ 7 cm   Ancho ▶ 3,5 cm

2.º Calcula las medidas reales, sabiendo que está hecho a escala 1:450.

Largo real ▶ 7 cm × 450 = 3.150 cm = 31,5 m

Ancho real ▶ 3,5 cm × 450 = 1.575 cm = 15,75 m

La zona verde mide 31,5 m de largo y 15,75 m de ancho.

La escala de un plano o un mapa indica la relación que hay entre las medidas del plano o del mapa y las medidas reales.

1. Explica el significado de estas escalas.

Escala 1:75   Escala 1:250   Escala 1:1.500   Escala 1:2.000

2. Mide con una regla en el plano de arriba y calcula las siguientes medidas reales.
   - El largo y el ancho del merendero.
   - El perímetro de la zona de juegos.
   - El largo y el ancho del circuito.
   - El perímetro de todo el parque.

3. Lee y escribe la escala a la que está dibujado cada plano.

PRESTA ATENCIÓN

Expresa las dos medidas en la misma unidad.

- Plano A ▶ 1 cm del plano son 75 cm en la realidad.
- Plano B ▶ 1 cm del plano son 8 cm en la realidad.
- Plano C ▶ 1 cm del plano son 23 m en la realidad.
- Plano D ▶ 1 cm del plano son 5 km en la realidad.

EJEMPLO 1 cm representa 4 m ▶ 1 cm representa 400 cm ▶ Escala 1:400

Problemas

4 Observa la escala y calcula el perímetro real.

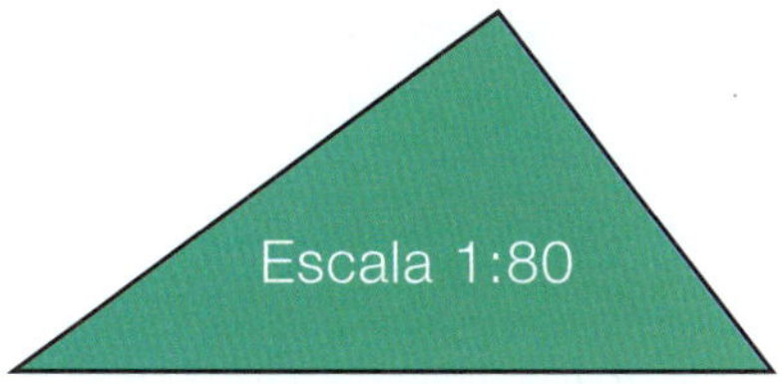

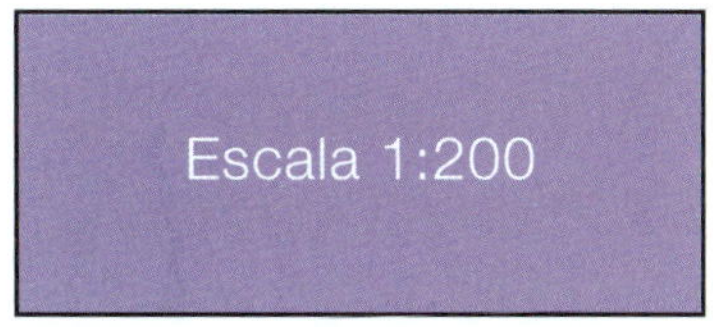

5 Observa la escala del mapa y calcula la distancia real que recorre un avión en cada trayecto.

HAZLO ASÍ

En los mapas, las escalas son gráficas. En la escala de este mapa cada barrita de 1 cm representa 175 km en la realidad.

Para calcular la distancia real entre Madrid y Zaragoza:

Distancia en el mapa: 1,6 cm.

$1{,}6 \times 175 = 280$

Distancia real: 280 km.

- Madrid - Barcelona
- Valencia - Bilbao
- Badajoz - Sevilla - Madrid
- Zaragoza - Madrid - A Coruña

6 Piensa y resuelve.

- Dibuja una escala gráfica en la que 1 cm son 720 km.
- ¿A qué escala numérica equivaldría esa escala gráfica? ¿Cómo lo has averiguado?
- ¿Cuánto medirá en un plano una carretera de 4 km a escala 1:20.000? ¿Y en un plano a escala 1:200.000?

PENSAMIENTO

Calcula y contesta.

- Tenemos un rectángulo de 4 cm de largo y 3 cm de alto en un plano a escala 1:100. Si fotocopiamos ese plano al 50 %, ¿cuál será la escala del nuevo plano que obtenemos?

COMPRUEBO MI PROGRESO

1 **Piensa y contesta si son o no proporcionales y explica por qué.**

- Los kilos de naranjas y su precio.
- La longitud de un coche y su peso.
- La altura de una persona y su edad.
- Los litros de agua que contiene una garrafa y el peso de esa agua.
- El tiempo de juego de un partido de fútbol y los goles metidos.

2 **Explica, mediante un ejemplo, qué es una tabla de proporcionalidad.**

3 **Completa estas tablas de proporcionalidad en tu cuaderno.**

2	4	5			
14			49	63	70

3	5	10			
	20		48	68	76

4 **Calcula estos porcentajes.**

- 5 % de 800
- 8 % de 1.050
- 15 % de 40
- 25 % de 640

5 **Lee y elige en cada caso la mejor oferta.**

TE REGALAMOS
10 g del producto
o
el 10 % del peso
de tu compra.
¡TÚ ELIGES!

- Si compras 500 g de castañas.
- Si compras 50 g de castañas.
- Si compras 100 g de castañas.

6 **Contesta. Después, calcula y comprueba tus respuestas.**

- ¿Qué es mayor: un 60 % de 800 o un 80 % de 600?
- ¿Qué es mayor: un 50 % de 400 o un 70 % de 200?
- Un 80 % de 500, ¿es lo mismo que el 50 % del 30 % de 500?
- El 45 % de las 300 piezas de un juego son rojas. ¿Son rojas más o menos de la mitad de las piezas?

7 **Mide con una regla y calcula la longitud de cada cinta en la realidad.**

Escala 1:200

8 **Observa la escala a la que está hecho el plano y calcula el perímetro real de cada instalación.**

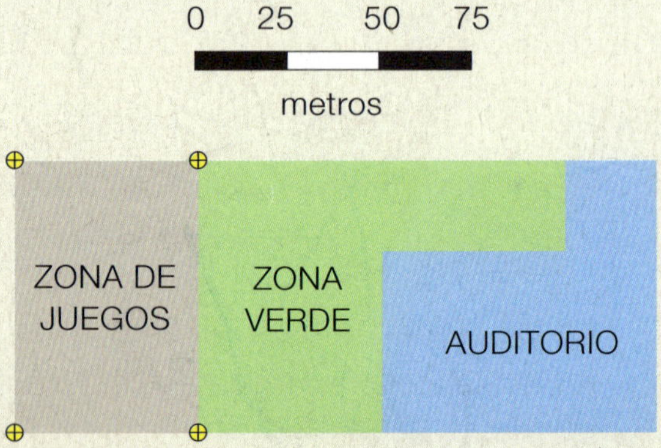

- ¿Qué zona tiene mayor perímetro? Indica el perímetro real de cada una.
- ¿Cuánto costará vallar la zona verde si el metro de valla cuesta 65 €?
- Alrededor de la zona de juegos se quieren poner, además de las farolas de las esquinas, farolas alrededor cada 5 metros. ¿Cuántas farolas se necesitan?

Problemas

9 Resuelve.

- Una máquina fabrica 200 piezas en 1 hora y 40 minutos. ¿Cuántas piezas fabrica en 50 minutos? ¿Y en 10 minutos? ¿Cuánto tiempo tardará en fabricar 250 piezas? ¿Y 400 piezas?
- En un jardín se han plantado 25 claveles chinos, 50 petunias y el resto han sido pensamientos. En total se han plantado 250 flores. ¿Qué porcentaje de cada clase de flores se ha plantado?

10 Piensa y resuelve.

Número de habitantes en 2016

Villares	3.500
Robledal	5.000
Sauceda	4.200

- En 2017, la población de todos los pueblos creció un 10 %. ¿Cuántos habitantes había en cada uno?
- En 2018, la población se redujo con respecto a 2016 un 8 %, un 10 % y un 5 %, respectivamente. ¿Cuántos habitantes había en cada pueblo?

11 Resuelve.

Hoy es el cumpleaños de Gustavo y quiere hacer una tarta de queso. En la receta que ha encontrado, aparecen los ingredientes para 4 personas.

TARTA DE QUESO
(4 personas)

– 24 galletas	– 250 cl de leche condensada
– 100 g de mantequilla	– 200 cl de nata
– 300 g de queso	– 4 guindas

- ¿Qué cantidad de cada ingrediente necesita para preparar la tarta para 8 personas? ¿Y para 12 personas? ¿Y para 10 personas?
- De los 20 invitados, 10 van a clase con Gustavo y el 45 % son chicas. ¿Qué porcentaje de los invitados son compañeros de Gustavo? ¿Cuántas de las chicas son, como máximo, compañeras de clase de Gustavo?

¿CÓMO LO HE HECHO? **Responde en tu cuaderno.**

- ¿Sé resolver problemas con porcentajes?
- ¿Sé usar la proporcionalidad en la vida cotidiana?
- ¿Manejo las escalas en mapas y planos?

Pon una nota a tu trabajo en esta unidad.

SABER HACER

Interpretar información científica

Desde el espacio, al contemplar nuestro planeta, es fácil darse cuenta de que la mayor parte de su superficie está ocupada por agua, aproximadamente un 70 % del total.

Se han realizado muchos estudios científicos sobre el agua y su distribución en la esfera terrestre.

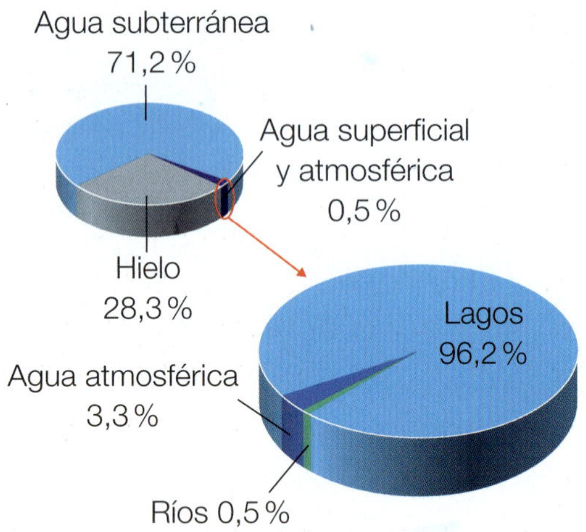

Para el ser humano, el agua es algo vital y necesario en el día a día. Ahora bien, la inmensa mayoría del agua de nuestro planeta no es dulce, sino salada, y está en los mares y océanos, constituyendo el 94 % del agua total del planeta.

En el gráfico puedes ver el reparto del resto de agua, el agua dulce. Fíjate en cómo un pequeñísimo porcentaje de ella está en la atmósfera y en la superficie y, dentro de esta, muy poca se encuentra en los ríos.

1 Responde a estas preguntas.

- Explica qué quiere decir la frase: «Un 70 % de la superficie de la Tierra está ocupada por agua». ¿Es esa cantidad más o menos de la mitad? ¿Qué porcentaje de la superficie de nuestro planeta no está ocupada por agua?
- ¿Qué porcentaje del agua del planeta es agua dulce? De cada mil litros de agua, ¿cuántos son de agua salada? ¿Y de agua dulce?
- De cada mil litros de agua dulce, ¿cuántos son aguas subterráneas? ¿Cuántos están en forma de hielo? ¿Y en el agua superficial y atmosférica?
- Imagina que tienes un millón de litros de agua. Haz un reparto siguiendo los datos del texto y el gráfico, y calcula cuántos litros habría de agua dulce, agua salada y de cada tipo de agua dulce (subterránea, en forma de hielo, atmosférica, agua de lagos y ríos).

2 Investiga y expón.

Busca información con tu compañero o compañera sobre el uso del agua para agricultura, industria y consumo humano en distintos países. Exponed los datos obtenidos utilizando porcentajes para expresar el reparto en los tres conceptos.

Juega con los porcentajes

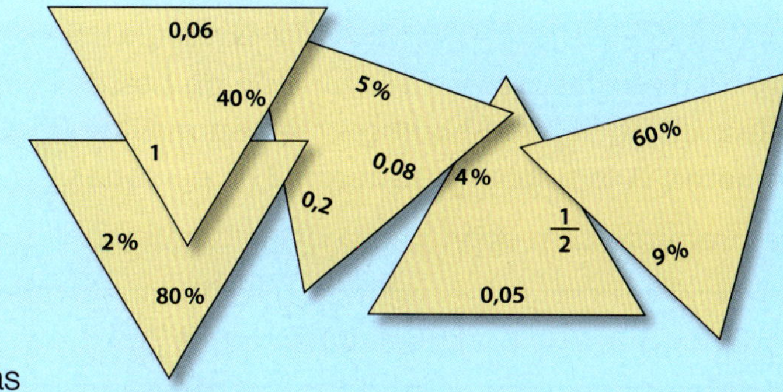

Material: Dominó triangular de porcentajes.

Número de jugadores: 4

Reglas del juego:

Se ponen todas las fichas del dominó bocabajo en el centro de la mesa y se mueven hasta mezclarlas bien.

Cada participante elige 3 fichas sin que los demás las vean. Las fichas que sobran se dejan en el centro de la mesa.

Inicia el juego quien tenga el porcentaje más bajo: 1 %, 2 %, 3 %..., colocando la ficha de este porcentaje bocarriba sobre la mesa. Los siguientes participantes, por turnos, deben colocar una ficha pegada a uno de los lados de las fichas que hay sobre la mesa, de tal manera que los lados unidos tengan dos expresiones equivalentes.

Si un jugador o jugadora no tiene ninguna ficha que pueda colocar, coge una ficha de las que han sobrado. En el caso de que no haya fichas sobrantes o no pueda colocar ninguna sobre la mesa, pasa su turno al siguiente participante.

Ganador: El primer jugador o jugadora que se quede sin fichas.

1. ¿Qué porcentaje debe tener la ficha que se puede colocar a la derecha de esta ficha? ¿Y a la izquierda? ¿Qué número decimal debe tener la ficha que puedes colocar encima?

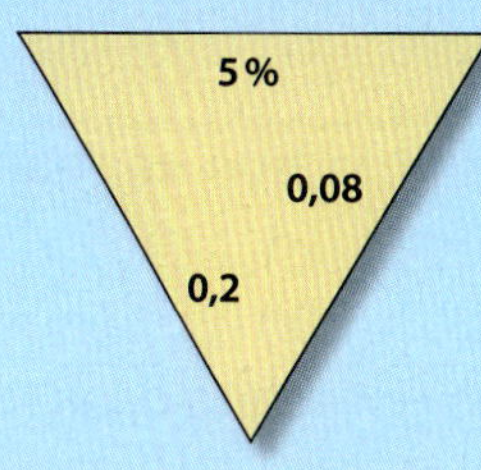

Retos matemáticos

Canguro saltarín

Los canguros recorren grandes distancias saltando, pudiendo alcanzar una velocidad de 40 km/h. ¿Cuántos minutos tardará un canguro en recorrer a esa velocidad una distancia de 5 km?

El ganadero y el pienso

Un ganadero dispone de pienso para alimentar a una vaca durante 3 días o a una oveja durante 6 días. ¿Cuántos días durará el pienso si tiene que alimentar a la vez a la vaca y a la oveja?

Solución de problemas

Escribir la pregunta que se responde con unos cálculos

Un tercio de los asistentes a la función de títeres eran adultos. De ellos, un 30 % eran hombres. Tenían más de 65 años 40 mujeres. A la función asistieron 210 personas.

¿Qué pregunta se responde con estos cálculos?

1.º 210 : 3 = 70 2.º 70 % de 70 = 49 3.º 49 − 40 = 9

▶ Vamos a ver qué se obtiene con cada cálculo:

1.º Con esta división se halla cuántos adultos había.

2.º Con este cálculo se determina el número de mujeres adultas que había en la función.

3.º Con esta resta se obtiene cuántas mujeres tenían menos de 65 años.

La pregunta es: ¿cuántas mujeres menores de 65 años había en la función de títeres?

Escribe la pregunta que se responde con cada grupo de cálculos.

1 Juan recogió 4.000 kg de nueces. Apartó un cuarto de ellas para envasarlas. Mientras las envasaba desechó un 5 % porque tenían algún defecto.

1.º 4.000 : 4 = 1.000 2.º 95 % de 1.000 = 950 3.º 4.000 − 950 = 3.050

2 En un tren viajaban 175 personas. Subieron 47 personas y bajaron 18 en la primera parada, y en la segunda parada subieron 59 y bajaron 32.

1.º 47 + 59 = 106 2.º 18 + 32 = 50 3.º 106 − 50 = 56

3 Tres quintos de los 300 animales de un parque natural son vertebrados. De ellos, un tercio son mamíferos.

1.º $\frac{3}{5}$ de 300 = 180 2.º $\frac{1}{3}$ de 180 = 60 3.º 180 − 60 = 120

1 Calcula.

- 13 + 4 × 2 − 5
- 46 − 3 × 4 − 3 × 5
- (12 − 4) × 2 + 18 : 9
- 25 + 21 : 7 + (2 + 6) × 4

2 Escribe las coordenadas de cada punto.

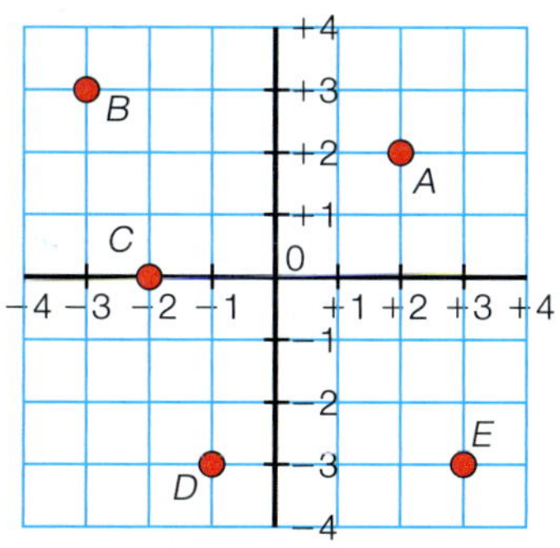

3 Calcula.

- m.c.d. (12 y 4)
- m.c.d. (16 y 21)
- m.c.d. (30 y 18)
- m.c.m. (3 y 15)
- m.c.m. (14 y 10)
- m.c.m. (25 y 40)

4 Compara en tu cuaderno.

- $\frac{5}{8}$ ◯ $\frac{7}{12}$
- $\frac{11}{3}$ ◯ $\frac{22}{7}$
- 4,52 ◯ 4,519
- 3,186 ◯ 3,188
- 0,724 ◯ $\frac{719}{1.000}$

5 Calcula.

- 12,9 × 0,02
- 0,326 × 4,3
- 5,203 × 3,17
- 288 : 2,25
- 8,428 : 49
- 64,505 : 0,095

6 Completa en tu cuaderno.

- 4,3 m^2 = ... cm^2
- 0,7 m^3 = ... cm^3
- 8° 12' = ..."
- 500 s = ... min y ... s
- 19 dm^3 = ... ml
- 715 ℓ = ... m^3

7 Calcula estos porcentajes.

- 5 % de 280
- 9 % de 4.900
- 15 % de 2.500
- 36 % de 6.800

Problemas

8 Lucas compra 2 kg de naranjas a 1,30 € el kilo, 3 kg de patatas a 0,45 € el kilo y 2 kg de limones. En total paga 5,61 €. ¿Cuánto cuesta un kilo de limones?

9 En una pastelería han hecho 40 kg de pastas. Las han envasado en cajas con un cuarto de kilo en cada una. ¿Cuántas cajas de pastas han obtenido? ¿Cuántos gramos pesan 12 cajas? ¿Cuántos hectogramos pesan 17 cajas?

10 Un tren de largo recorrido sale de la estación con un total de 320 pasajeros. En la primera parada baja un cuarto de los pasajeros, y en la segunda, un tercio de los que quedaban. ¿Cuántos pasajeros quedan en el tren? ¿En qué parada se han bajado más pasajeros?

11 Adela tiene en su granja un total de 200 animales. Tres quintos son patos, 20 son conejos y el resto gallinas. ¿Tiene más conejos o gallinas?

12 Olga compra 125 g de pipas por 1,50 € y 400 g de cacahuetes por 2,40 €. ¿Cuánto pagará si compra un kilo de cada producto?

13 Emilio utiliza tres cuartos de litro de leche para hacer dos bizcochos iguales. ¿Cuántos cm^3 de leche usa para cada bizcocho?

Analizar gráficos de barras

En el gráfico está representado el número de personas que pidió cada tipo de primer plato en el restaurante Comecome en tres meses del año pasado.

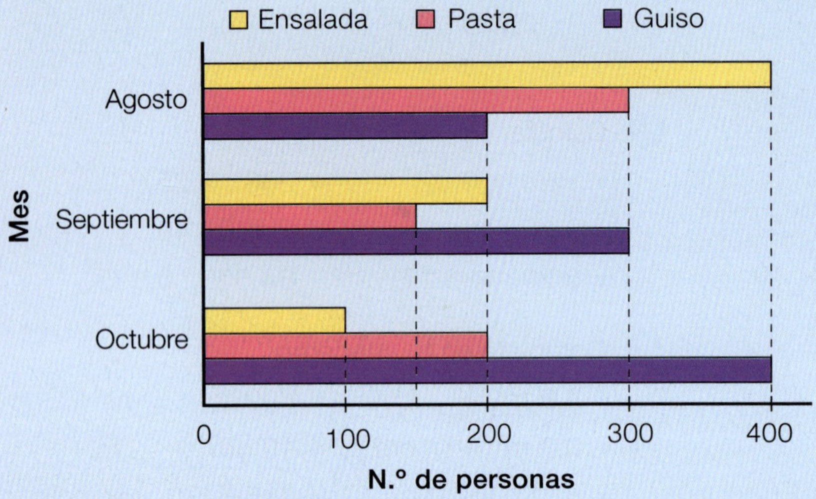

Fíjate en que en agosto más gente prefirió los platos frescos (ensaladas) a los platos más calientes.

1. **Observa el gráfico anterior. Después, contesta.**
   - ¿Qué platos fueron los preferidos en septiembre y octubre? ¿Por qué crees que ocurrió así?
   - Juan, el camarero, comentó que la gente que eligió pasta fue aumentando desde agosto hasta octubre. ¿Tenía razón según el gráfico?
   - María, la dueña, creía que a partir de septiembre sería mejor no servir ensalada hasta la llegada del verano. ¿Crees que tenía razón? ¿Por qué?

2. **Razona y contesta.**

En el restaurante tienen que hacer la compra este año para los meses de agosto, septiembre y octubre. Han anotado estas decisiones.

- Comprar la misma cantidad de verdura para ensalada los tres meses.
- Comprar la misma cantidad de pasta para agosto que para octubre.
- Ir aumentando la cantidad de ingredientes para guisos a medida que avance el otoño.
- Incluir gazpacho en el menú a partir de septiembre.

¿Crees que tienen razón a partir de la información del año pasado?

Analizar gráficos lineales

En el ayuntamiento están estudiando los datos de reciclaje en la ciudad.
El gráfico muestra los kilos de vidrio reciclados en dos barrios durante varios meses.

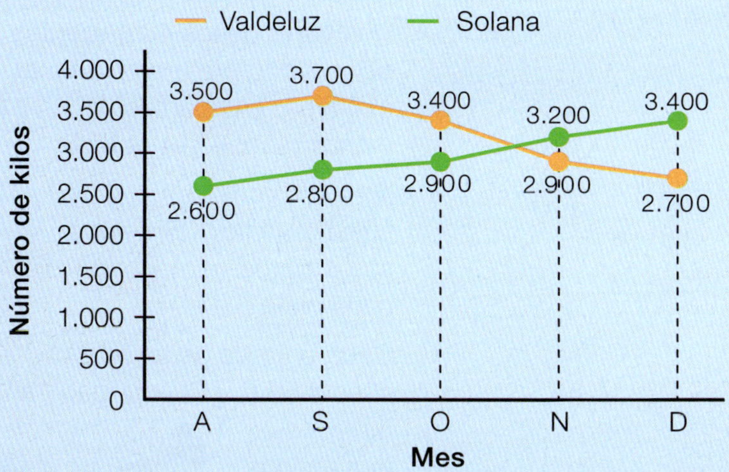

Fíjate en que de agosto a septiembre aumentó el número de kilos de vidrio reciclados en los dos barrios.

1 Observa el gráfico anterior y contesta.

- ¿Qué ha ocurrido con el reciclaje de vidrio en Valdeluz en estos meses? ¿Y con el reciclaje en Solana?
- ¿En qué mes comenzó a reciclarse más en Solana que en Valdeluz?
- El ayuntamiento piensa llevar algunos contenedores de vidrio desde Solana a Valdeluz. ¿Crees que es una buena decisión? ¿Por qué?

2 Fíjate en el gráfico, lee el texto y contesta.

Dos amigos, Jon y César, se han propuesto ahorrar cada vez más en sus gastos. En el gráfico han representado el dinero que han ahorrado cada mes.

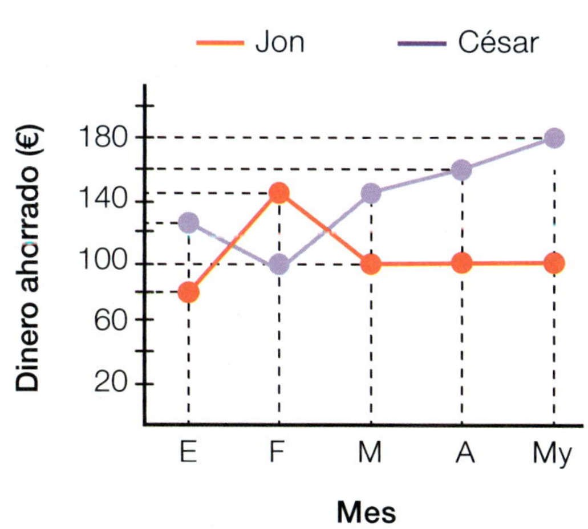

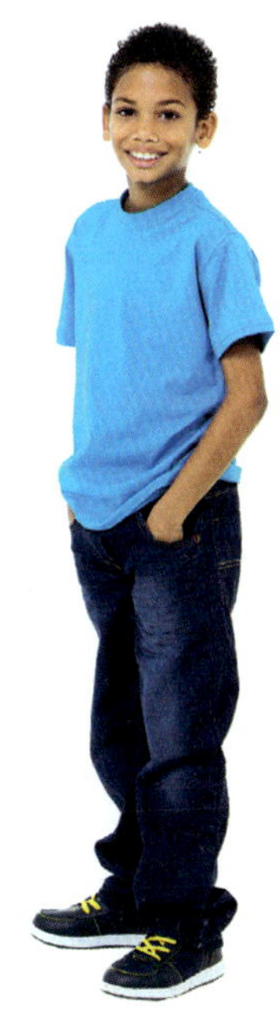

- ¿Quién ahorró más en mayo que en enero?
- ¿Jon ha ido ahorrando más de mes en mes? ¿Y César?
- ¿Quién crees que debe hacer un esfuerzo para cumplir su propósito?

Antes de empezar

Cálculo mental

Multiplica un número natural por 4

23 → (× 2) → 46 → (× 2) → 92 (× 4)

31 × 4	43 × 4
42 × 4	25 × 4
51 × 4	36 × 4
62 × 4	57 × 4

Divide un número natural entre 4

240 → (: 2) → 120 → (: 2) → 60 (: 4)

480 : 4	600 : 4
804 : 4	500 : 4
260 : 4	360 : 4
640 : 4	780 : 4

Un número, varias operaciones

Escribe usando 4 como uno de los términos:

- Una multiplicación con resultado 840.
- Una división con cociente 45.

Pequeños problemas

Calcula mentalmente

1. El lunes Marta recogió 32 kg de patatas. El martes recogió el cuádruple. ¿Cuántos kilos recogió el martes?
2. Un cuarto de los 48 pacientes de una doctora eran personas mayores. ¿A cuántas personas mayores atendió la doctora?
3. Luisa repartió 128 € entre sus 4 nietos. ¿Cuánto recibió cada nieto?
4. Cada entrada de un musical cuesta 53 €. ¿Cuánto pagarán Silvia y sus tres amigas por sus entradas?

¿Qué sabes ya?

Unidades de superficie

Utilizamos las unidades de superficie para expresar el área de figuras planas.
Su unidad principal es el metro cuadrado. 1 m^2 es el área de un cuadrado de 1 m de lado.

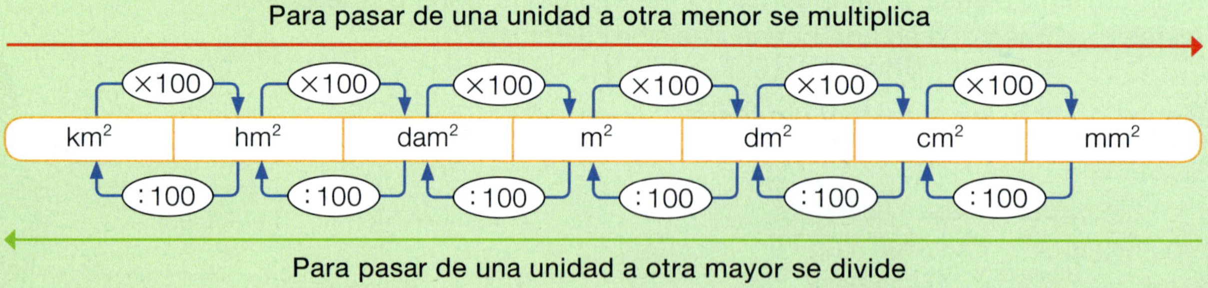

Perímetro

El perímetro de un polígono es la suma de las longitudes de sus lados.

1 Completa en tu cuaderno.

- 4,1 m^2 = … cm^2
- 1,38 dm^2 = … mm^2
- 0,7 hm^2 = … m^2
- 750 dm^2 = … m^2
- 900 cm^2 = … dm^2
- 8.000 dm^2 = … dam^2

2 Calcula cada perímetro.

- Un cuadrado de lado 10 cm.
- Un rectángulo de lados 8 cm y 6 cm.
- Un hexágono regular de lado 5 cm.

10 Área de figuras planas

Tiempo para leer

Los envases llamados popularmente brik son una tecnología moderna para poder conservar durante más tiempo y distribuir fácilmente distintos productos.

Se obtienen plegando una figura plana, formada por la superposición de una fina lámina de aluminio, una capa de cartón y varias capas de plástico. Esa figura se pliega más tarde hasta formar el envase y se rellena con el producto elegido.

Un envase brik de litro suele tener un área de 660 cm^2 y pesa unos 30 gramos. En España se consumen al año cerca de 1.400.000 toneladas de envases domésticos (briks y otros), de los cuales se recicla un 77 %.

Tiempo para hablar

- ¿Qué forma tienen las caras de los envases brik más habituales que se usan para la leche o el zumo?
- Si tuvieras las medidas, ¿sabrías calcular el área de cada cara de esos envases?
- Si el brik tuviera una forma de cubo con caras cuyo lado midiera 8 cm, ¿qué área de cartón se usaría para construirlo?
- ¿Cuántos briks usas en tu casa en una semana? ¿Cuántos reciclas?
- ¿Cuántos kilos de envases domésticos se consumen al año en España? ¿Cuántos kilos se reciclan?

Base y altura de triángulos y paralelogramos

Patricia ha repasado de naranja una base de cada polígono y ha trazado de rojo una altura correspondiente a esa base.

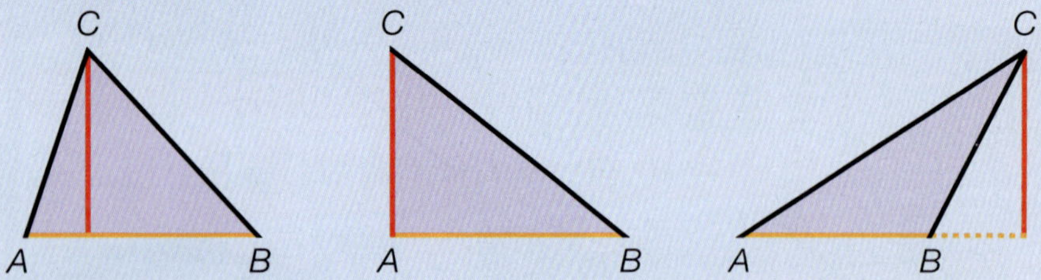

El lado *AB* es una **base** del triángulo. También lo son los lados *BC* y *AC*.

El segmento rojo es la **altura** correspondiente a la base *AB*. Es un segmento perpendicular a ella o a su prolongación, y uno de sus extremos es el vértice *C*.

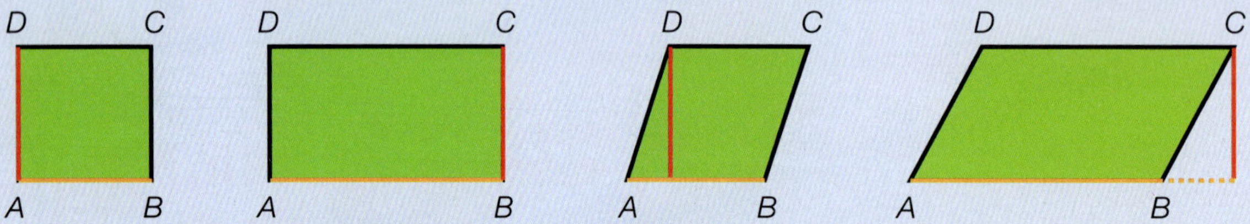

El lado *AB* es una **base** del paralelogramo. También lo son los lados *BC*, *CD* y *AD*.

El segmento rojo es una **altura** correspondiente a la base *AB*. Es un segmento perpendicular a ella o a su prolongación, y uno de sus extremos es uno de los vértices opuestos *C* o *D*.

- La base de un triángulo o de un paralelogramo es uno cualquiera de sus lados.
- La altura de un triángulo o de un paralelogramo es un segmento perpendicular a una base o a su prolongación, trazado desde un vértice opuesto.

1 **Escribe en tu cuaderno cuántas bases tienen los triángulos y los paralelogramos.**

2 **Calca cada triángulo y traza, con una escuadra o un cartabón, la altura correspondiente a la base *AB*.**

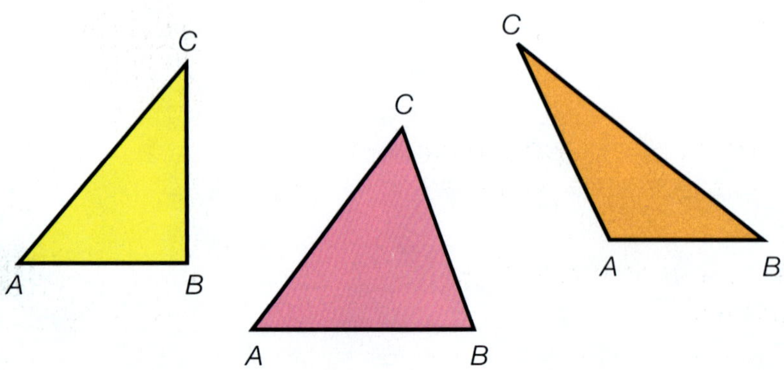

- ¿En qué triángulo coincide la altura con uno de sus lados? Clasifícalo según sus ángulos.
- ¿En qué triángulo has prolongado la base para trazar la altura? Clasifícalo según sus ángulos.
- ¿En qué triángulo has dibujado la altura en su interior? Clasifícalo según sus ángulos.

3 Calca cada paralelogramo y traza, con una escuadra o un cartabón, la altura correspondiente a la base *AB* desde el vértice *D*.

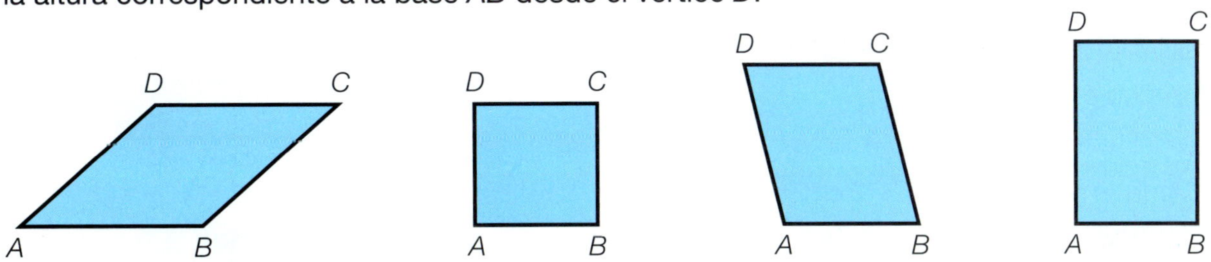

- ¿En qué paralelogramos coincide la altura con uno de sus lados? ¿En cuál has prolongado la base para trazar la altura?
- ¿Desde qué otro vértice puedes trazar la altura a la base *AB*? Trázala.

4 Traza los siguientes triángulos y clasifícalos.

HAZLO ASÍ

Para trazar un triángulo *ABC* cuyos lados miden 6 cm, 5 cm y 4 cm, sigue estos pasos:

1.º Dibuja con la regla un segmento *AB* de 6 cm.

2.º Abre el compás 5 cm, pincha en el punto *A* y traza un arco.

3.º Abre el compás 4 cm, pincha en el punto *B* y traza un arco que corte el anterior en el punto *C*.

4.º Une los puntos *A* y *B* con *C* para formar los lados del triángulo. Después, colorea el interior.

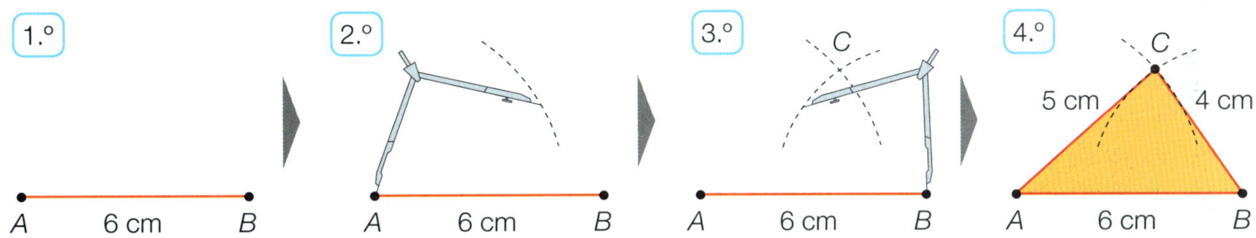

- Un triángulo *ABC* cuyos lados midan 4 cm, 3 cm y 5 cm. ¿Cuánto miden las tres bases? Traza la altura de la base *AB*.
- Un triángulo *DEF* cuyos lados midan 3 cm, 3 cm y 5 cm. ¿Cuánto miden las tres bases? Traza la altura de la base *DE*.

CREATIVIDAD

Dibuja.

- Haz un dibujo en el que aparezcan distintos triángulos, cuyos lados tengan medidas exactas en centímetros, y varios paralelogramos. Después, traza una altura de cada figura.
- Traza dos triángulos diferentes que compartan una base y cuyas alturas midan lo mismo.

Área del rectángulo y del cuadrado

- ¿Cuál es el área de este rectángulo?

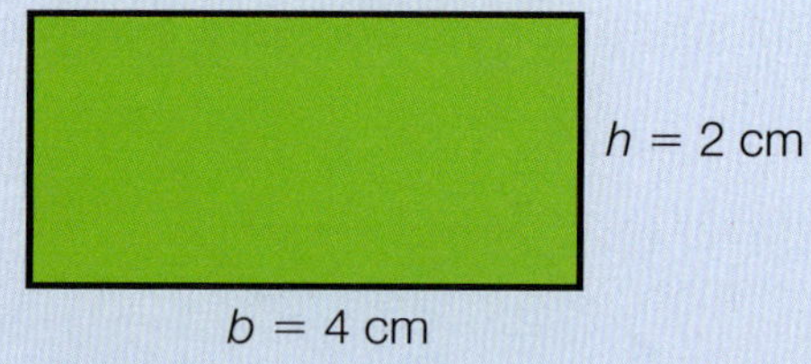

El largo del rectángulo es su base, b,
y el ancho es su altura, h.

Área del rectángulo = largo × ancho = base × altura

$$\text{Área} = b \times h = 4 \text{ cm} \times 2 \text{ cm} = 8 \text{ cm}^2$$

- ¿Cuál es el área de este cuadrado?

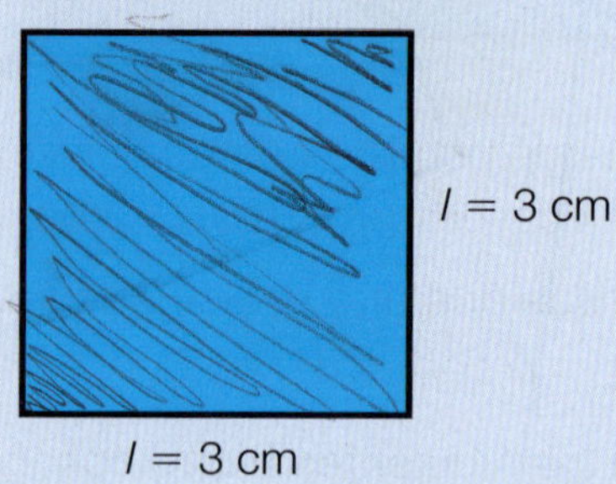

El cuadrado es un tipo especial de rectángulo.
Su base y su altura son iguales al lado, l.

Área del cuadrado = lado × lado = lado^2

$$\text{Área} = l \times l = l^2 = 3^2 \text{ cm}^2 = 9 \text{ cm}^2$$

- El área del rectángulo es el producto de su base por su altura. ▶ Área del rectángulo $= b \times h$
- El área de un cuadrado es su lado elevado al cuadrado. ▶ Área del cuadrado $= l^2$

1 Mide y calcula el área en centímetros cuadrados de cada figura.

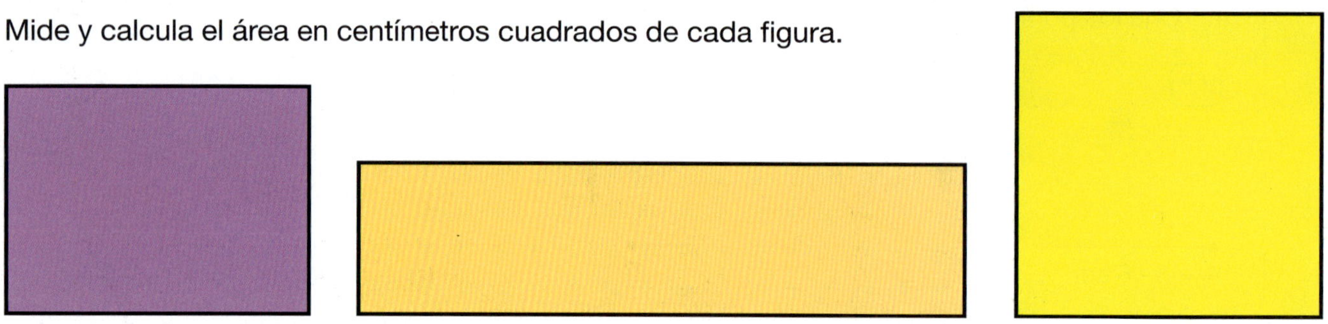

2 Haz un croquis y calcula el área en cada caso.

- Un rectángulo de 30 cm de base y 20 cm de altura.
- Un cuadrado de 50 cm de lado.
- Una parcela rectangular de 12 m de largo, y de ancho, un tercio del largo.
- Un marco de fotos cuadrado de 40 cm de perímetro.

3 Halla el área de cada cuadrado. Después, contesta.

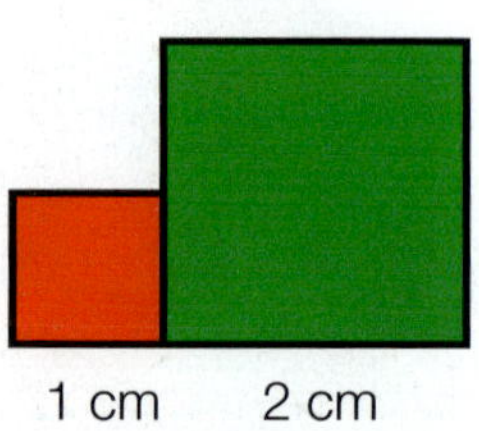

- ¿Es el lado del cuadrado mayor el doble del lado del cuadrado menor?
- ¿Es el área del cuadrado mayor el doble del área del cuadrado menor?

Área del rombo

¿Cuál es el área de este rombo?

Fíjate en que, si trazamos paralelas a cada diagonal del rombo por sus vértices, se forma un rectángulo, cuya base es igual a la diagonal mayor del rombo, D, y cuya altura es igual a la diagonal menor, d.

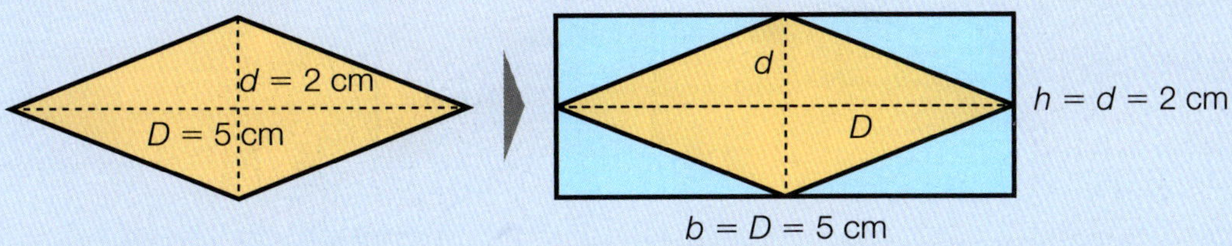

El área del rombo es la mitad del área de ese rectángulo.

$$\text{Área del rombo} = \frac{\text{Área del rectángulo}}{2} = \frac{\text{diagonal mayor} \times \text{diagonal menor}}{2}$$

$$\text{Área} = \frac{D \times d}{2} = \frac{5\ \text{cm} \times 2\ \text{cm}}{2} = 5\ \text{cm}^2$$

El área del rombo es el producto de sus diagonales dividido entre 2. ▶ $\text{Área del rombo} = \frac{D \times d}{2}$

1 Mide y calcula el área.

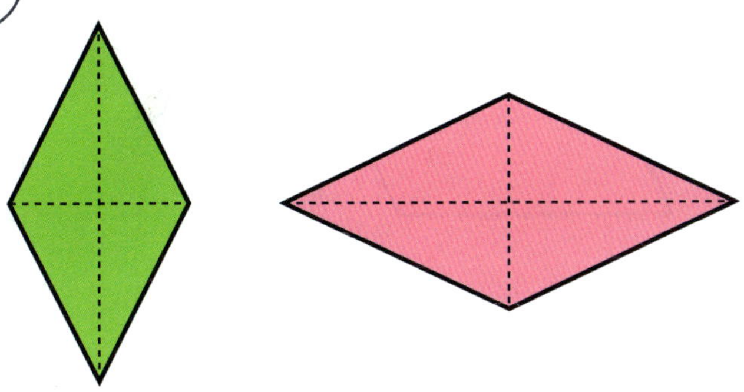

2 Calcula el área de cada rombo.

- La diagonal mayor mide 12 cm y la diagonal menor 10 cm.
- La diagonal menor mide 8 cm y la diagonal mayor 15 cm.
- La diagonal mayor y la diagonal menor son iguales y las dos miden 30 cm.
- La diagonal menor mide 6 cm y la diagonal mayor, el doble que ella.

PENSAMIENTO

Piensa y contesta. Después, da valores a las diagonales en centímetros y comprueba tus respuestas.

- Si multiplicas por 2 la longitud de una diagonal de un rombo, ¿el área del nuevo rombo es el doble que el área del rombo original?
- ¿Qué ocurrirá con las áreas si multiplicas por 2 la longitud de las dos diagonales?

Área del romboide

¿Cuál es el área de este romboide?

Fíjate en que un romboide se puede transformar en un rectángulo.
Basta con cortar por la altura *h* y trasladar el triángulo obtenido al otro lado.

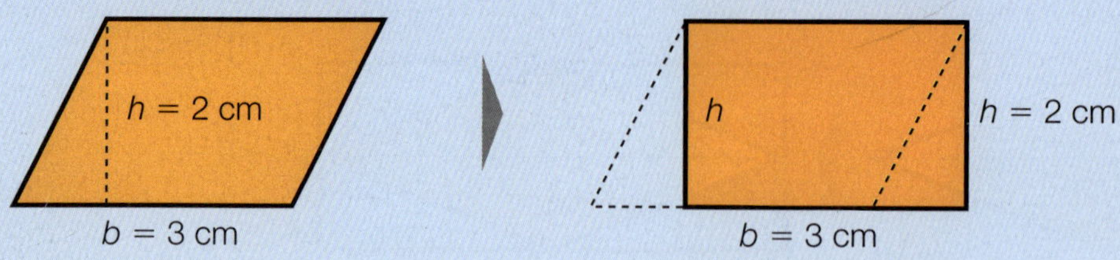

El rectángulo obtenido tiene la misma base, *b*, y altura, *h*, que el romboide.

Área del romboide = Área del rectángulo = base × altura

$$\text{Área} = b \times h = 3 \text{ cm} \times 2 \text{ cm} = 6 \text{ cm}^2$$

El área del romboide es el producto de su base por su altura. ▶ Área del romboide = $b \times h$

1 **Mide y calcula el área de cada romboide en centímetros cuadrados. Traza su altura cuando sea necesario.**

2 **Calcula el área de cada romboide. Después, contesta.**

- **A.** Su base mide 8 cm y su altura 6 cm.
- **C.** Su base mide 10 cm y su altura 4,8 cm.
- **B.** Su altura mide 4 cm y su base 9 cm.
- **D.** Su altura mide 12,4 cm y su base 5 cm.

- ¿Qué romboides de los anteriores tienen la misma área?
  Dos romboides con distintas bases y alturas, ¿pueden tener la misma área?

3 **Piensa y contesta. Después, calcula y comprueba.**

Martín tiene una parcela con forma de romboide cuya base mide 100 m y cuya altura es 60 m.
También tiene un prado romboidal de base 100 m y con el doble de altura que la parcela.
El área del prado, ¿es el doble del área de la parcela?

¿Cuál es el área de este triángulo?

Fíjate en que si trazamos paralelas a dos lados del triángulo se forma un romboide con la misma base, b, y altura, h, que el triángulo de partida.

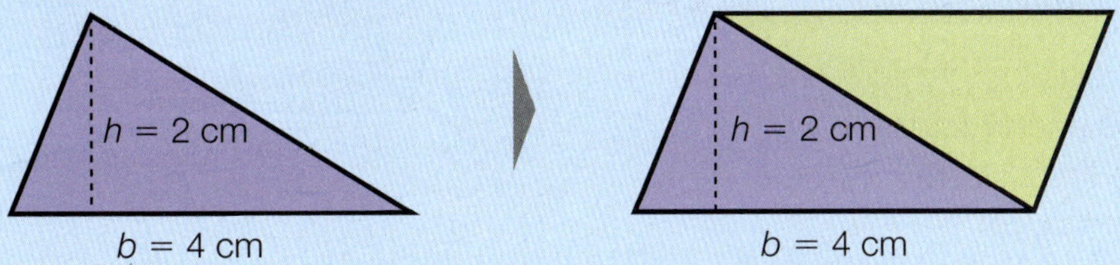

El área del triángulo es la mitad del área de ese romboide.

$$\text{Área del triángulo} = \frac{\text{Área del romboide}}{2} = \frac{\text{base} \times \text{altura}}{2}$$

$$\text{Área} = \frac{b \times h}{2} = \frac{4 \text{ cm} \times 2 \text{ cm}}{2} = 4 \text{ cm}^2$$

El área del triángulo es el producto de su base por su altura dividido entre 2.

$$\text{Área del triángulo} = \frac{b \times h}{2}$$

1 Mide y calcula el área de cada triángulo en cm^2. Traza su altura cuando sea necesario.

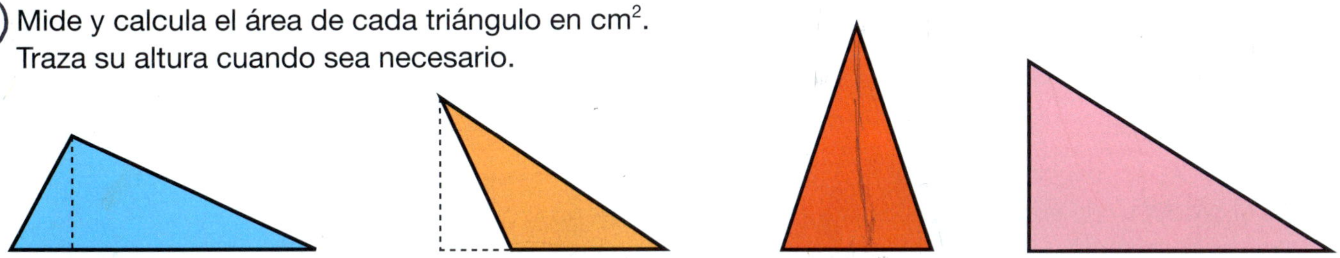

2 Calcula el área en cada caso.

- Un triángulo cuya base mide 15 cm y cuya altura mide 10 cm.
- Un triángulo cuya base mide 4 cm y cuya altura mide 12 cm más que la base.
- Una pieza de madera triangular cuya base mide 30 cm y cuya altura mide 15 cm.
- Una parcela triangular cuya base mide 150 m y cuya altura mide 70 m.

PENSAMIENTO

Observa y contesta.

- ¿Tienen los dos triángulos la misma base? ¿E igual altura?
- ¿Tienen los dos triángulos la misma área? ¿Por qué?

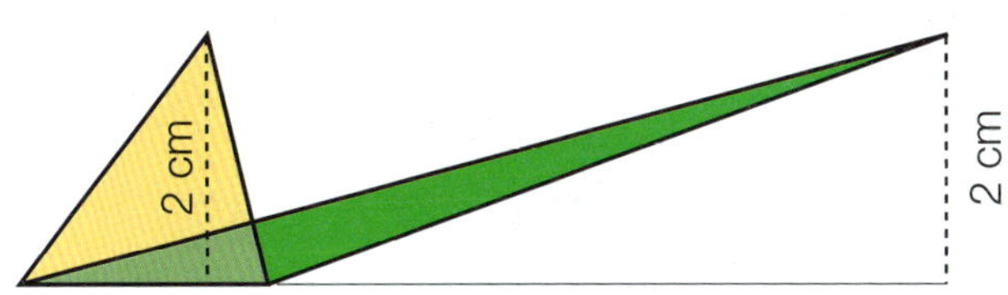

Área de polígonos regulares

¿Cuál es el área de este polígono regular?

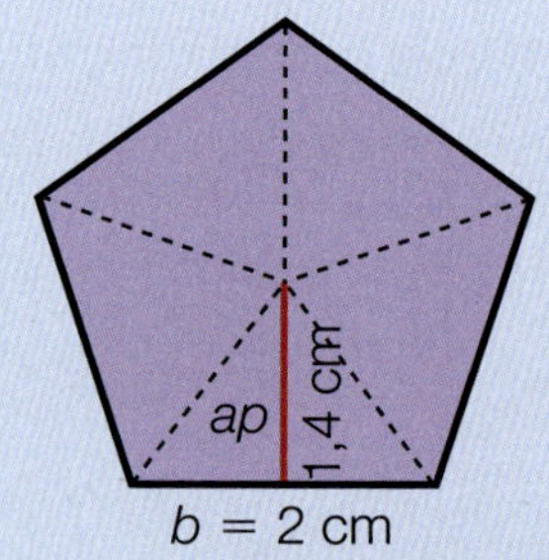

Un polígono regular tiene todos sus lados iguales y todos sus ángulos iguales. Al unir su centro con sus vértices, se puede descomponer en triángulos iguales.

La base de cada triángulo es un lado del polígono y la altura es el segmento que une el centro del polígono con el punto medio del lado. Ese segmento se llama **apotema**, *ap.*

El área del polígono es la suma de las áreas de los triángulos.

Fíjate en que, si colocamos los triángulos en fila, su área total es la mitad del área de un romboide cuya base es el perímetro del polígono, *P*, y cuya altura es la apotema, *ap*.

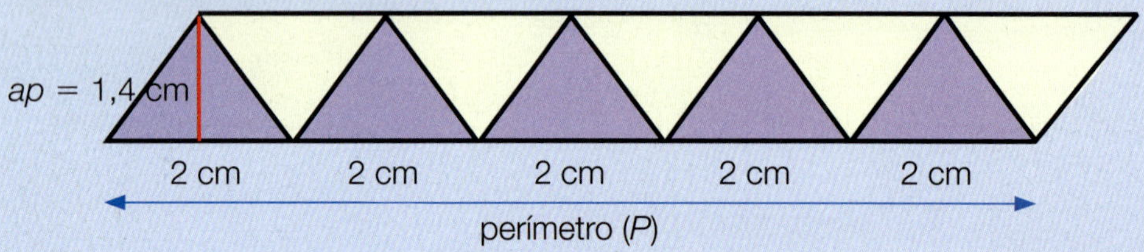

$$\text{Área del polígono regular} = \frac{\text{Área del romboide}}{2} = \frac{\text{perímetro} \times \text{apotema}}{2}$$

$$\text{Área} = \frac{P \times ap}{2} = \frac{10 \text{ cm} \times 1{,}4 \text{ cm}}{2} = 7 \text{ cm}^2$$

El área de un polígono regular es el producto de su perímetro por su apotema dividido entre 2.

$$\text{Área del polígono regular} = \frac{P \times ap}{2}$$

1 Calcula el área de cada polígono regular, sabiendo que el área de cada triángulo marcado es 20 m^2.

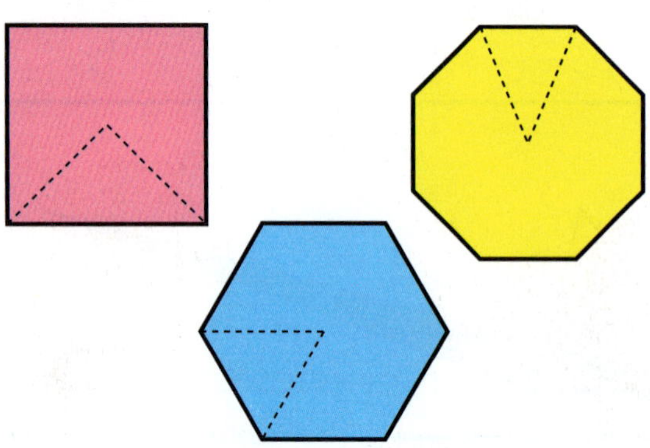

2 Halla el área de cada polígono.

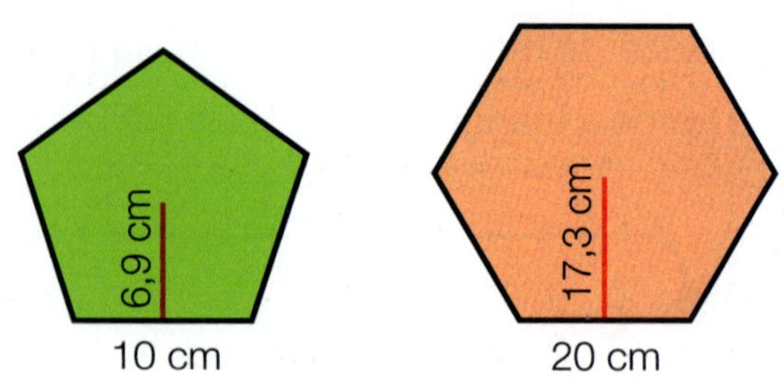

- Un octógono regular cuyo lado mide 18 cm y cuya apotema mide 21,7 cm.
- Un decágono regular cuyo perímetro mide 150 cm y cuya apotema mide 23,1 cm.

Área del círculo

Fíjate en el dibujo.

El círculo es similar a un polígono regular con muchísimos lados.

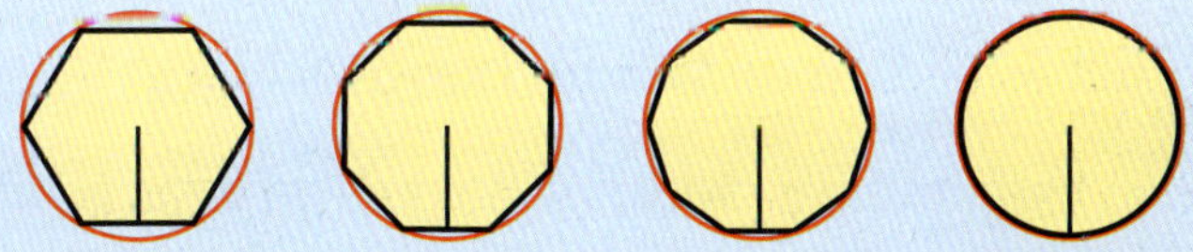

Su perímetro sería la longitud de la circunferencia y su apotema, el radio.

¿Cuál es el área de este círculo?

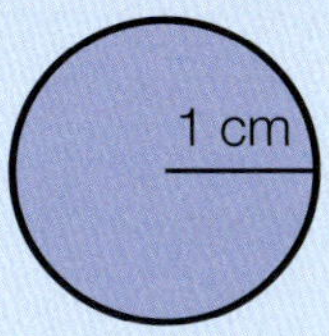

$$\text{Área de un polígono regular} = \frac{\text{perímetro} \times \text{apotema}}{2}$$

$$\text{Área del círculo} = \frac{\text{longitud de la circunferencia} \times \text{radio}}{2} = \frac{2 \times \pi \times r \times r}{2} = \pi \times r^2$$

$$\text{Área} = \pi \times r^2 = 3{,}14 \times 1^2\ \text{cm}^2 = 3{,}14\ \text{cm}^2$$

El área del círculo es el producto del número π por su radio al cuadrado. ▶ $\text{Área del círculo} = \pi \times r^2$

1 Calcula el área y contesta.

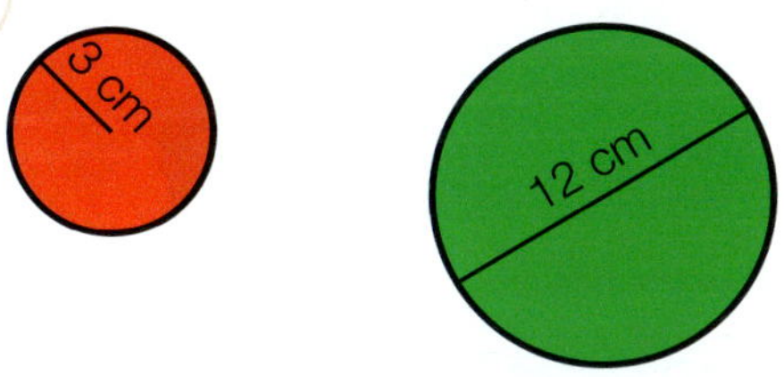

- ¿Cuál es el radio del círculo mayor? ¿Es el doble que el radio del menor?
- El área del círculo mayor, ¿es el doble que el área del menor?

2 Calcula el área.

- De un círculo de 5 cm de radio.
- De un círculo de 4 m de diámetro.
- De un cristal circular de 30 cm de radio.
- De una pizza de 14 cm de radio.
- De una plaza de 200 m de diámetro.
- De un cráter circular de 300 m de diámetro.

PENSAMIENTO

Piensa y contesta. Después, calcula algunos ejemplos.

- ¿Cómo puedes calcular el área de un semicírculo? ¿Por qué crees que no se estudia ninguna fórmula para calcularla?
- ¿Y el área de un cuarto de círculo?

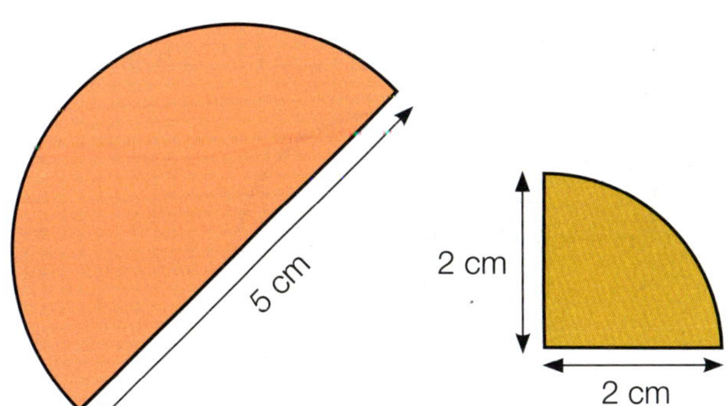

Área de figuras planas

¿Cuál es el área de la figura verde?

Para hallar el área, dividimos la figura en otras figuras conocidas cuya área seamos capaces de calcular.

En este caso podemos dividir la figura verde en un semicírculo, un rectángulo y un triángulo.

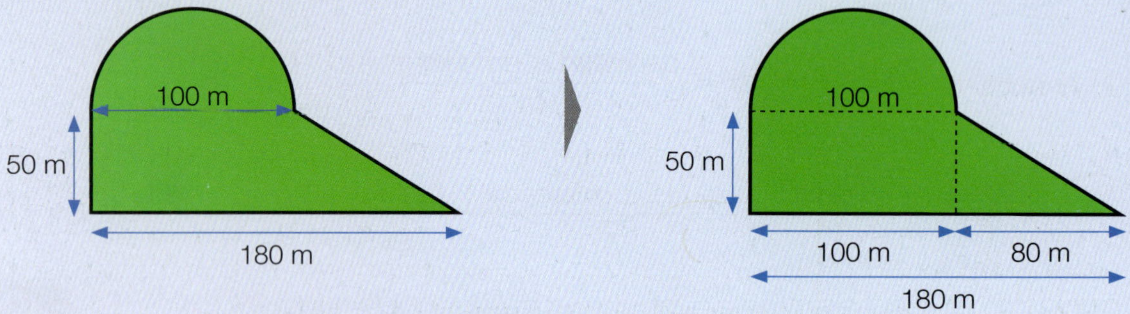

El área total de la figura es la suma de las áreas de las tres figuras en las que la hemos descompuesto:

- El semicírculo es la mitad de un círculo de 100 m de diámetro.
- El rectángulo tiene 50 m de altura y 100 m de base.
- El triángulo tiene 80 m de base (180 m − 100 m) y 50 m de altura.

$$\text{Área del semicírculo} = \frac{\text{Área del círculo}}{2} = \frac{\pi \times r^2}{2} = \frac{3{,}14 \times 50^2\ \text{m}^2}{2} = 3.925\ \text{m}^2$$

$$\text{Área del rectángulo} = b \times h = 100\ \text{m} \times 50\ \text{m} = 5.000\ \text{m}^2$$

$$\text{Área del triángulo} = \frac{b \times h}{2} = \frac{80\ \text{m} \times 50\ \text{m}}{2} = 2.000\ \text{m}^2$$

$$\text{Área de la figura verde} = 3.925\ \text{m}^2 + 5.000\ \text{m}^2 + 2.000\ \text{m}^2 = 10.925\ \text{m}^2$$

Para calcular el área de una figura plana, hay que descomponerla primero en otras figuras cuyas áreas sepamos calcular y sumar después las áreas de esas figuras.

1 Completa en tu cuaderno y calcula el área de la zona roja.

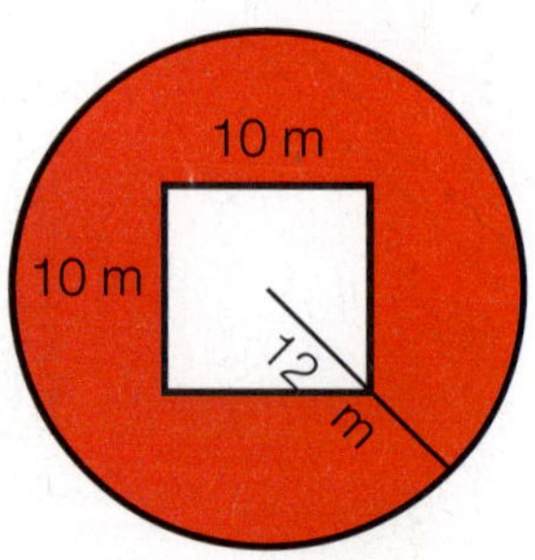

- El área de la zona roja es el área del … menos el área del …
- El radio del círculo mide … m. Área del círculo = …
- El lado del cuadrado mide … m. Área del cuadrado = …
- Área de la zona roja = … − … = …

2 Calcula el área de cada figura.

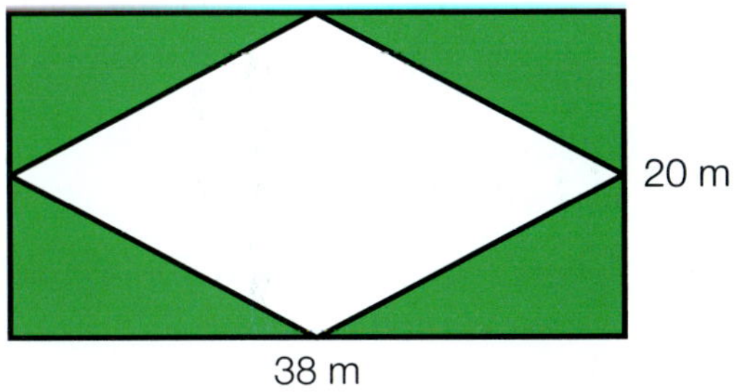

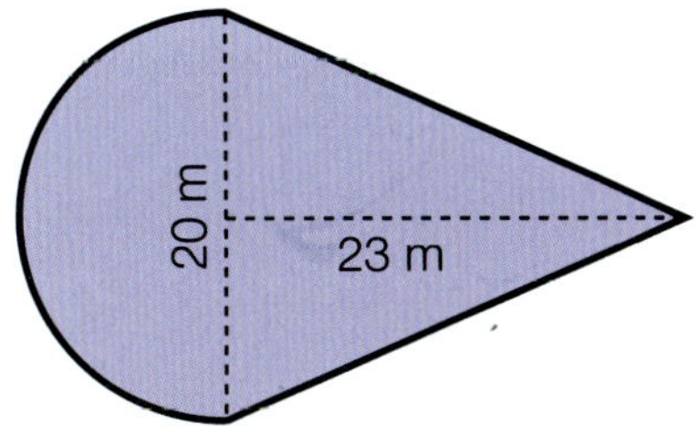

3 Mide y calcula el área de cada pieza de metal.

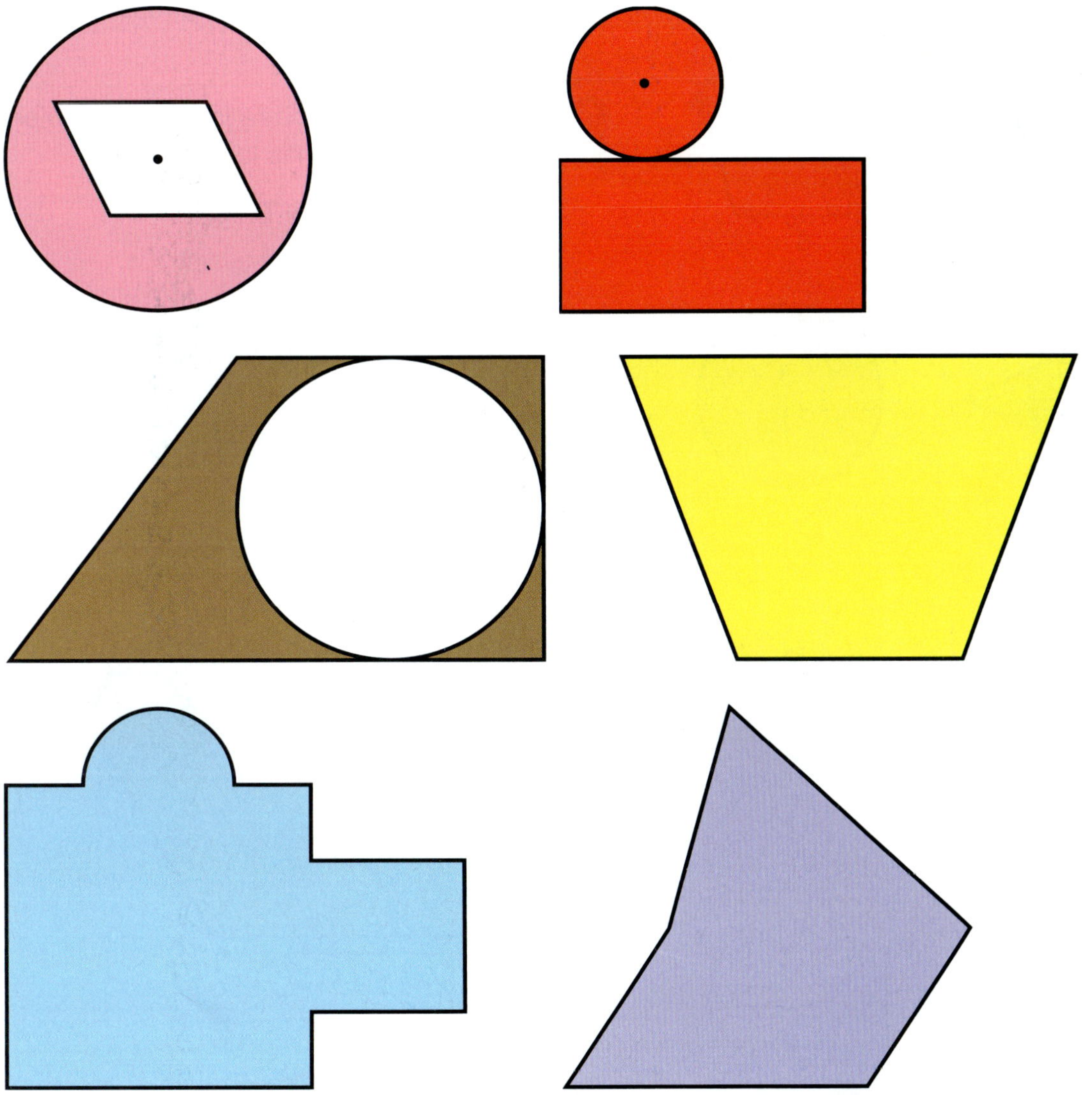

PENSAMIENTO

Dibuja y contesta.

- Cada cuadrito de la cuadrícula mide 1 cm de lado.
¿Qué ocupa más, el pino o el fondo cuadriculado blanco?

1. Haz una ficha en la que aparezca un dibujo de cada tipo de figura plana y la fórmula para hallar su área.

2. Calcula el área de cada figura.

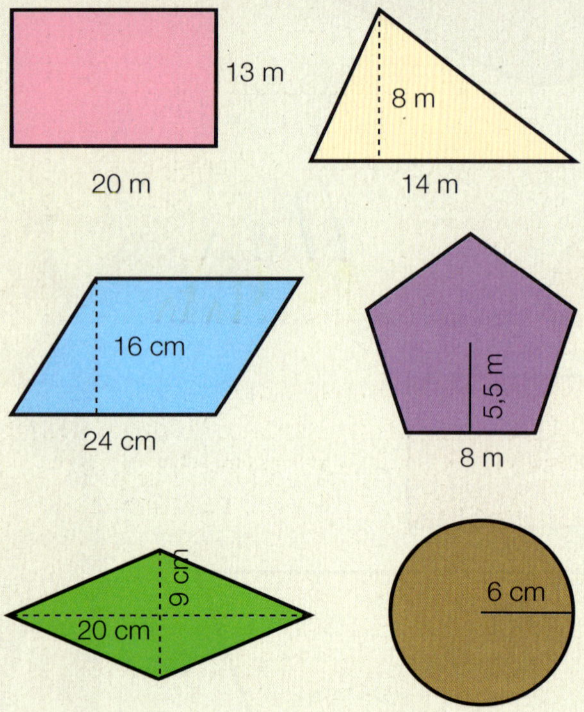

3. Halla el área de cada figura midiendo las longitudes que sean necesarias.

4. Haz un croquis y halla el área de cada figura.
   - Un romboide cuya base mide 15 cm y cuya altura es 30 cm.
   - Un triángulo cuya base mide 12 cm y cuya altura es 8 cm.
   - Un hexágono regular cuyo perímetro mide 60 cm y cuya apotema mide 8,7 cm.
   - Un círculo de 40 cm de diámetro.
   - Un cuadrado cuyo perímetro mide 36 cm.
   - Un rectángulo cuyo perímetro mide 20 cm y el lado mayor mide 6 cm.

5. Calcula el área de cada jardín. Fíjate bien en qué figuras planas lo componen.

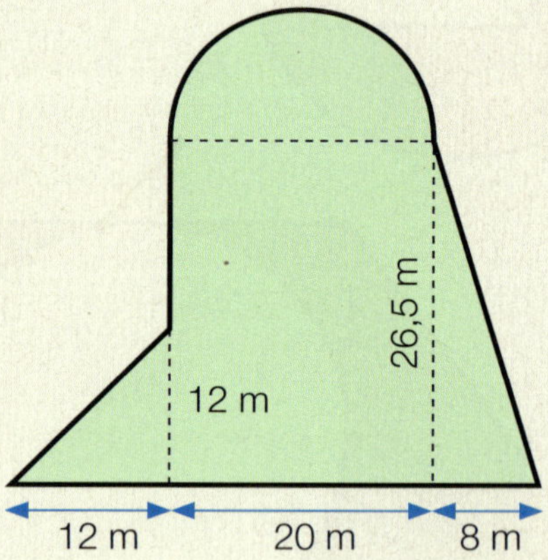

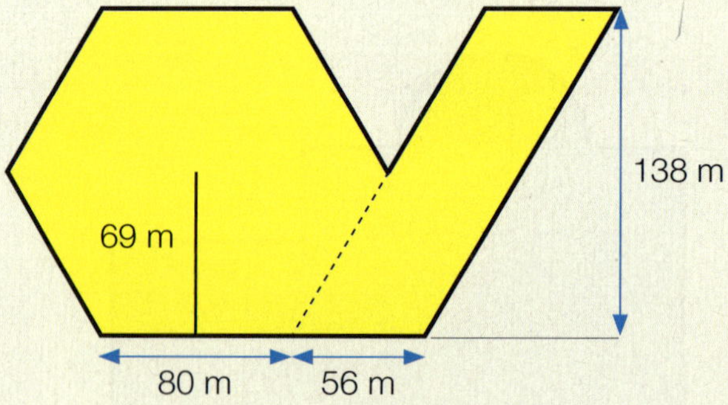

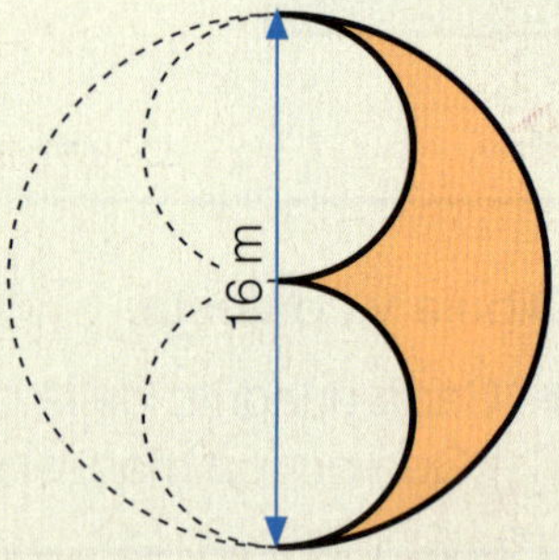

Problemas

6 Traza las líneas oportunas, mide y halla el área de cada azulejo.

7 Resuelve.

- ¿Qué área de césped hay alrededor de la piscina?

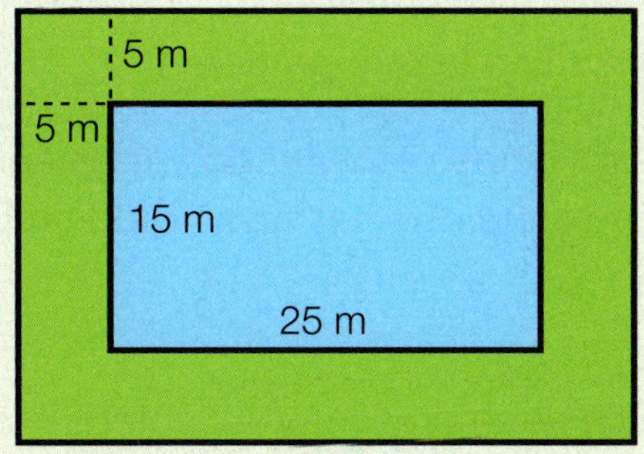

- ¿Cuántos árboles se pueden plantar en una parcela romboidal de 100 m de largo y 40 m de altura si cada árbol necesita un área de 8 m^2 para poder crecer?

8 Observa las medidas y resuelve.

Milagros quiere pintar ella misma el salón de su casa.

Ha estado investigando y sabe que con 1 kilo de la pintura que más le gusta puede pintar un área de 8 m^2.

Calcula cuántos metros cuadrados tiene que pintar Milagros y cuántos botes de pintura debe comprar si en cada bote hay 5 kilos.

PAREDES
- 2 paredes, de 6 m de largo y 3 m de alto.
- 2 paredes, de 4 m de largo y 3 m de alto.

TECHO
- 6 m de largo y 4 m de ancho.

PUERTA
- 1 puerta, de 2 m de alto y 1,5 m de ancho.

VENTANAS
- 2 ventanas, de 1,5 m de alto y 1 m de ancho.

¿CÓMO LO HE HECHO? Responde en tu cuaderno.

- ¿Sé reconocer bases y alturas?
- ¿Calculo áreas de polígonos y círculos?
- ¿Sé hallar el área de figuras planas?

Pon una nota a tu trabajo en esta unidad.

Diseñar envases

La empresa de Laura trabaja en el diseño de nuevos envases. Sus clientes les dan las dimensiones de los objetos que quieren envasar, o bien las condiciones que deben cumplir los envases, y su empresa les presenta distintas opciones para que elijan la que prefieran.

Laura está ahora resolviendo varios encargos. Ayúdala con lo que has aprendido en la unidad.

1 Piensa y resuelve.

Laura debe presentar a Lácteos Martínez, una empresa que vende leche, distintos modelos de envases con la misma capacidad. Ha preparado estos:

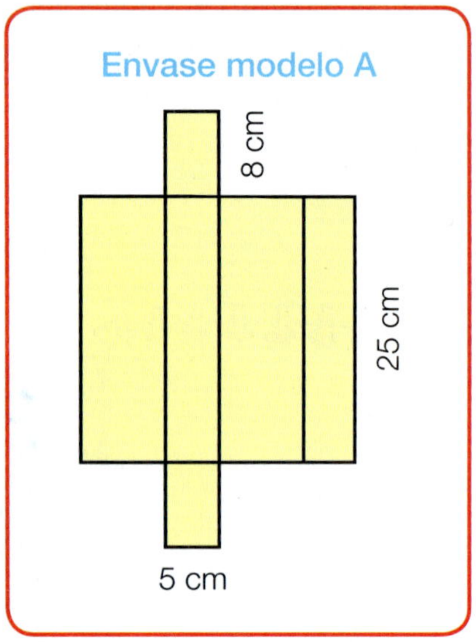

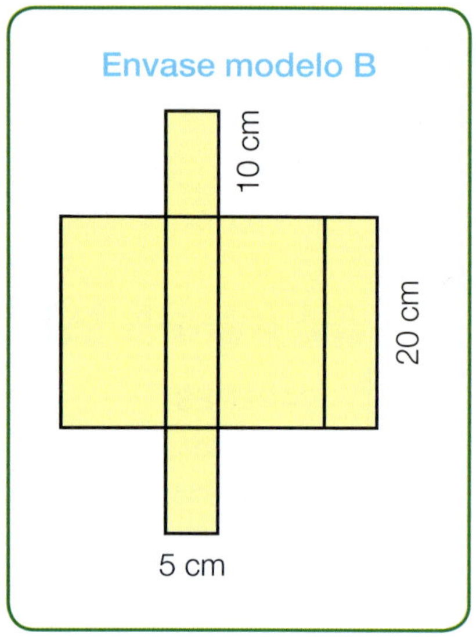

Halla la cantidad de cartón que necesita cada envase.
¿Cuál es mejor para la empresa?

2 Calcula el área de cartón empleada en cada diseño y razona cuál es mejor.

Una empresa de productos deportivos quiere diseños de envases para pelotas de petanca. El diámetro de cada una es 8 cm y cada envase contendrá tres pelotas.

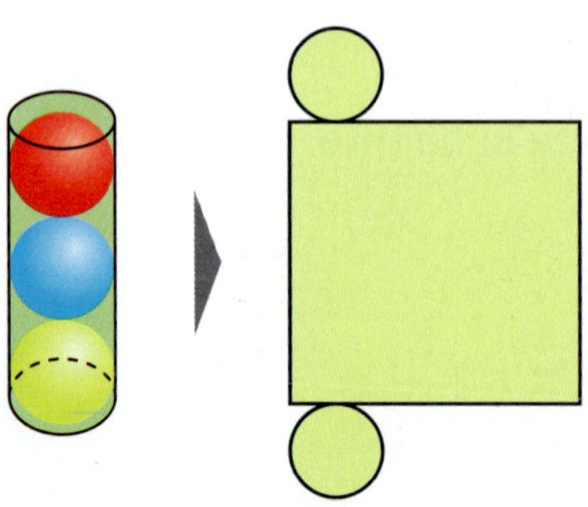

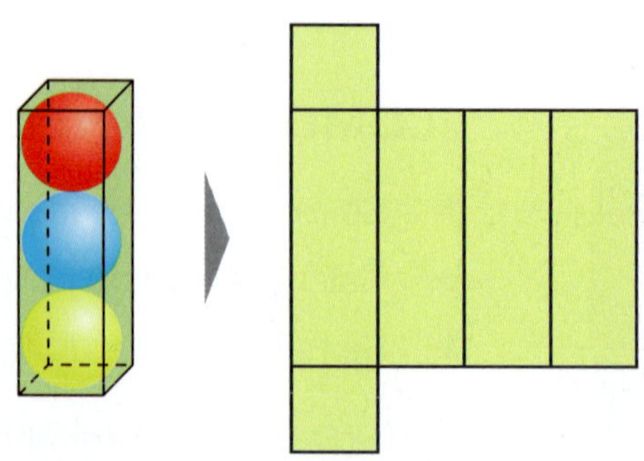

Juega con las áreas

Material: Tangram, baraja de tarjetas numéricas, lápiz y papel.

Número de jugadores: 5

Reglas del juego:

En la baraja de tarjetas numéricas, se dejan solo las cartas correspondientes a los números comprendidos entre el 2 y el 9.

Se da un tiempo razonable para que todos los participantes del juego puedan medir con una regla las dimensiones de las piezas del tangram y tomar notas en su papel.

Por turnos, alguien toma el papel de controlador. Esta persona se encargará de extraer una carta de las tarjetas numéricas, elegir el número de piezas del tangram que le indique la tarjeta y componer una figura con ellas.

Los otros cuatro jugadores o jugadoras tendrán un minuto para hacer una estimación del área de la figura compuesta.

Las personas que hayan acertado, o quien más se aproxime, obtienen 1 punto.

Ganador: Gana el jugador o la jugadora que primero consiga 5 puntos.

1 ¿Cuál es el área de esta figura compuesta por piezas del tangram?

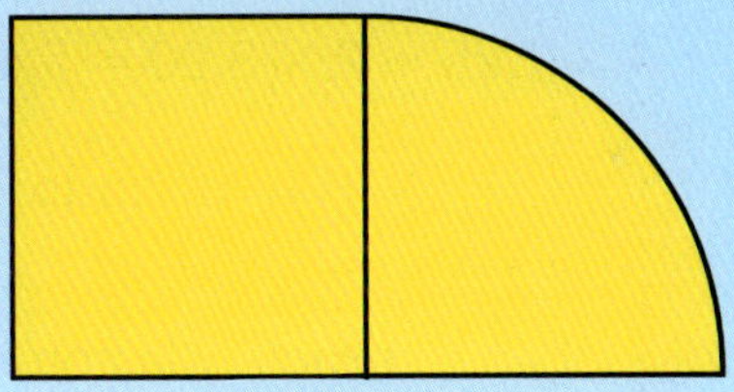

Retos matemáticos

La zona sombreada

¿Cuál es el área de la zona de color morado de esta figura?

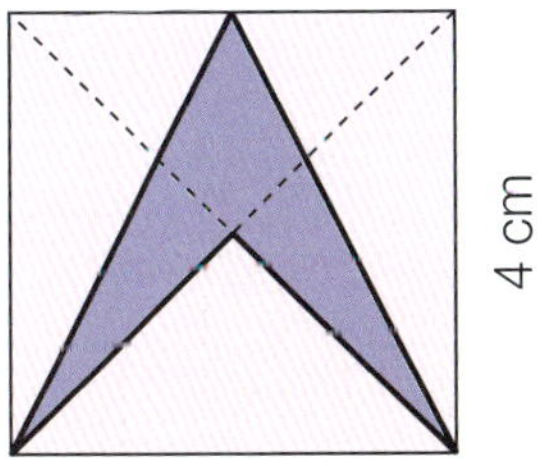

Para el jardinero

¿Cómo se pueden plantar 10 árboles en 5 filas de 4 árboles cada una?

Solución de problemas

Anticipar una solución aproximada

Ana y Marcos han ido a la papelería a comprar material escolar. Han comprado 3 cuadernos a 1,80 € cada uno, 4 bolígrafos a 1,25 € cada uno y 2 carpetas a 3,90 € cada una. ¿Cuánto han pagado en total?

▶ En situaciones de compra es muy útil hallar primero una solución aproximada del total que debemos pagar. Eso nos dará una idea bastante fiable del total exacto.

Solución aproximada

1.º Aproxima cada precio a las unidades.

Cuaderno: 1,80 ▶ 2 Bolígrafo: 1,25 ▶ 1 Carpeta: 3,90 ▶ 4

2.º Calcula el precio aproximado.

$3 \times 2 + 4 \times 1 + 2 \times 4 = 6 + 4 + 8 = 18$

Han pagado 18 € aproximadamente.

Solución exacta

$3 \times 1,80 + 4 \times 1,25 + 2 \times 3,90 = 5,40 + 5 + 7,80 = 18,20$

Han pagado 18,20 €.

Las dos soluciones, la exacta y la aproximada, tienen valores muy cercanos.

Calcula una solución aproximada para cada problema. Después, halla la solución exacta y comprueba que obtienes valores cercanos.

1. Paqui compra una chaqueta por 12,90 €, unos pantalones por 29,80 € y unas deportivas por 19,60 €. ¿Cuánto paga Paqui?

2. Ramiro tenía en el monedero 29,65 €. Compró un libro por 12,85 € y una mochila por 14,25 €. ¿Cuánto dinero le sobró?

3. Juan compró una cámara de fotos a plazos. Primero pagó 180,90 € y después 3 plazos iguales de 44,90 € cada uno. ¿Cuánto pagó por la cámara de fotos?

4. Para preparar su fiesta de cumpleaños, Lorena compró 4 paquetes de servilletas a 0,95 € cada uno, 5 paquetes de vasos a 2,75 € cada uno y 3 paquetes de platos a 2,85 € cada uno. ¿Cuánto pagó Lorena en total?

5. Escribe un problema similar a los de esta página y pídele a tu compañero o compañera que lo resuelva hallando primero una solución aproximada.

1 Descompón cada número.
- 9.540.602
- 23.081.003
- 750.300.090
- 1.840,5
- 35,74
- 429,106

2 Expresa usando una potencia de 10.
- 100
- 1.000
- 1.000.000

3 Calcula.
- 2^5
- 3^4
- 4^3
- 5^2
- $\sqrt{16}$
- $\sqrt{49}$
- $\sqrt{81}$
- $\sqrt{100}$

4 Calcula.
- $\frac{3}{5} + \frac{4}{9}$
- $\frac{5}{8} - \frac{1}{6}$
- $\frac{2}{7} \times \frac{4}{5}$
- $\frac{6}{8} : \frac{3}{9}$
- $\frac{3}{4} - \left(\frac{2}{9} + \frac{1}{3}\right)$
- $\frac{5}{6} + \frac{1}{4} \times \frac{2}{3}$

5 Calcula.
- 2,74 + 85,3 + 0,9
- 63,2 − 8,195
- $3,\hat{6} \times 9$
- 8,5 × 4,2
- 7,4 × 5,08
- 47,2 : 8
- 381 : 5,6
- 29,35 : 3,7

6 Expresa en la unidad indicada.

En m	0,3 km	7 dam y 96 mm
En ℓ	5.873 cl	0,86 kl y 2 dal
En kg	750 g	9 t y 4 q
En m^2	0,6 hm^2	538 dm^2
En m^3	9,1 dam^3	7.200 cm^3

7 Suma y resta cada pareja.

5 h 54 min 37 s
3 h 12 min 49 s

64° 40' 40"
45° 50"

8 Piensa y contesta.
Si representas un parque de 500 m de largo por 200 m de ancho en un plano a escala 1 : 10.000, ¿qué dimensiones tendrá?

Problemas

9 En un museo hay expuestas 240 obras. Dos tercios son pinturas, un quinto son esculturas y el resto son maquetas. ¿Cuántas maquetas hay en el museo? ¿Qué fracción de las obras del museo no son maquetas?

10 Una bicicleta costaba 232 €. El mes pasado la rebajaron 15 € y este mes la han rebajado un 20 % de su precio. ¿Cuánto cuesta ahora la bicicleta?

11 Alberto tenía 26,84 €. Esta mañana su abuelo le ha dado 20 €. Ha dejado 13 € en su hucha y el resto del dinero lo ha repartido en partes iguales entre sus 3 hermanos. ¿Cuánto dinero ha dado Alberto a cada hermano?

12 En una fábrica hay 24.000 botellas de 200 cm^3 cada una. Quieren llenarlas con el aceite de un depósito de 5 kl que está lleno. ¿Les sobrará o les faltará aceite? ¿Cuánto?

13 Mónica ha recorrido en bicicleta 39 km en 3 horas. Si fuera siempre al mismo ritmo, ¿cuántos kilómetros recorrería en 5 horas? ¿Cuánto tardaría en recorrer 104 km?

Antes de empezar

Cálculo mental

Calcula el 10 % de un número o multiplica por 0,1

10 % de 40 0,1 × 40	→ 40 : 10 = 4

10 % de 6	10 % de 30
10 % de 9	0,1 × 67
0,1 × 5	10 % de 420
0,1 × 7	0,1 × 3.000

Calcula el 50 % de un número o multiplica por 0,5

50 % de 80 0,5 × 80	→ 80 : 2 = 40

50 % de 6	50 % de 60
50 % de 8	0,5 × 46
0,5 × 4	50 % de 6.000
0,5 × 12	0,5 × 2.600

Un porcentaje, varios números

Escribe un número:

- Cuyo 10 % sea 35.
- Cuyo 10 % sea 126.
- Cuyo 10 % sea 5,6.
- Cuyo 50 % sea 20.
- Cuyo 50 % sea 230.
- Cuyo 50 % sea 6,4.

Pequeños problemas

Calcula mentalmente

1. El precio de un billete de autobús sin IVA es de 4,50 €. ¿Cuánto cuesta en total el billete si hay que añadirle un 10 % de IVA?
2. Míriam va a comprar un teléfono móvil que cuesta 280 €. Por estar de rebajas, le descuentan un 10 %. ¿Cuánto pagará?
3. De los 180 socios de un gimnasio, el 50 % hace dos actividades. ¿Cuántos socios hacen dos actividades?

¿Qué sabes ya?

Prismas

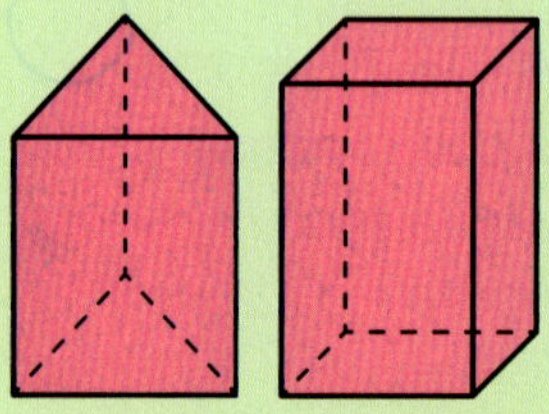

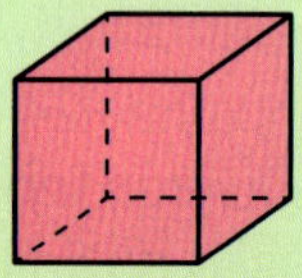

Este prisma se llama cubo.

Pirámides

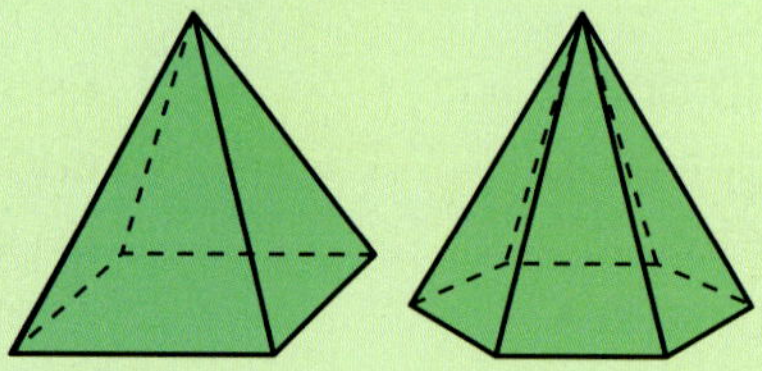

Cuerpos redondos

Cilindro Cono Esfera

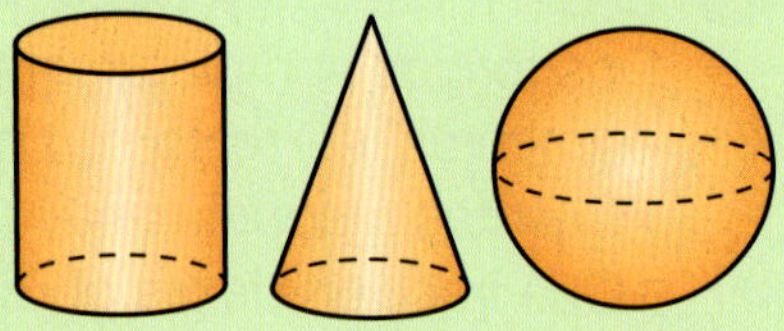

1 Clasifica cada cuerpo geométrico.

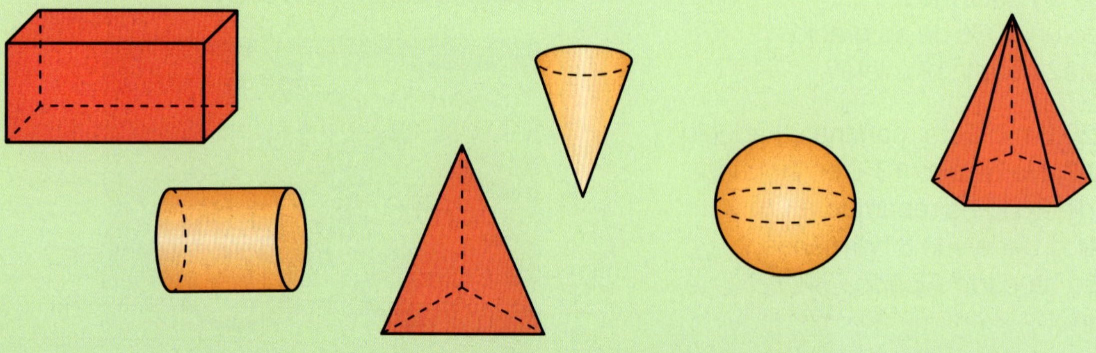

11 Cuerpos geométricos. Volumen

Tiempo para leer

Al sur de China, en la población de Tian-Xing, se encuentra la cueva de Miao-Keng. Es una cueva tan gigantesca que el volumen del hueco tallado en la roca por las aguas no había podido ser medido de forma precisa hasta hace muy poco tiempo.

Una expedición organizada por la National Geographic Society, utilizando una tecnología muy moderna a base de láseres, ha determinado que su volumen es de aproximadamente 11 millones de metros cúbicos.

Para que te hagas una idea, ese volumen es equivalente a cuatro veces el volumen que tiene la mayor de las pirámides de Egipto, una de las construcciones más grandes del mundo, o a unas 100.000 veces el volumen de tu aula.

Tiempo para hablar

- ¿Por qué crees que era difícil medir el volumen de la cueva? ¿Cómo hallarías tú el volumen de una caja de zapatos?
- ¿Qué es un cubo? Descríbelo. ¿Qué volumen tiene un cubo cuya arista mide 1 metro? Explica tu respuesta.
- En una piscina olímpica caben 2.500 metros cúbicos de agua. ¿Cuántas piscinas olímpicas serían necesarias para llenar la cueva del texto?
- Imagina dos cubos de 1 metro de arista, uno de madera y otro de piedra. ¿Tienen el mismo volumen? ¿Y peso? ¿Por qué?

Poliedros. Poliedros regulares

Los **poliedros** son cuerpos geométricos cuyas caras son todas polígonos.

Los **prismas** y las **pirámides** son poliedros. Los prismas tienen dos caras paralelas e iguales llamadas bases, y el resto de sus caras son paralelogramos.
Las pirámides tienen una base, y el resto de caras son triángulos.
Se nombran según el polígono que forma sus bases. Sus elementos son:

Prisma hexagonal

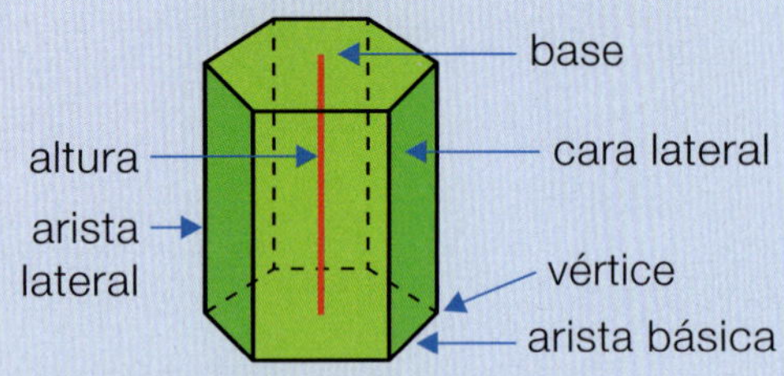

Pirámide hexagonal

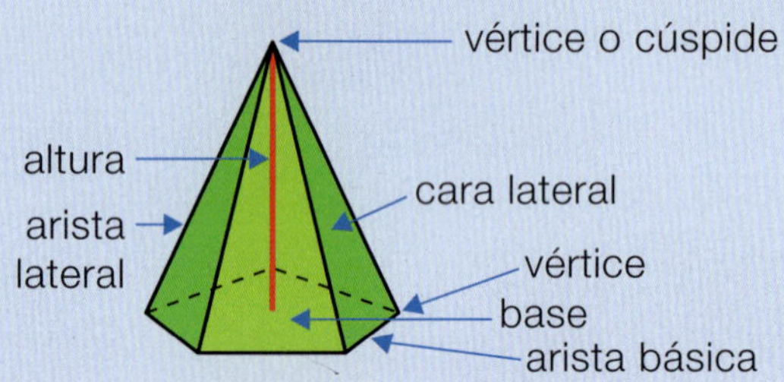

Los **poliedros regulares** son aquellos cuyas caras son todas polígonos regulares iguales y coincide el mismo número de ellas en cada vértice. Existen solo cinco poliedros regulares.

Tetraedro

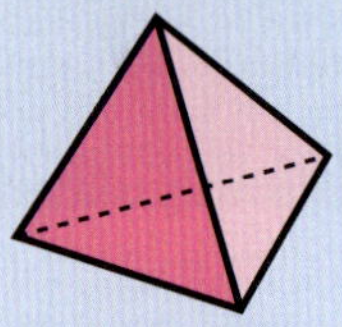

4 caras que son triángulos regulares.

Octaedro

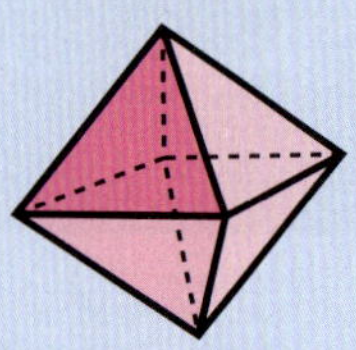

8 caras que son triángulos regulares.

Icosaedro

20 caras que son triángulos regulares.

Cubo

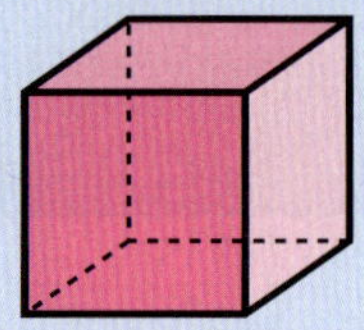

6 caras que son cuadrados.

Dodecaedro

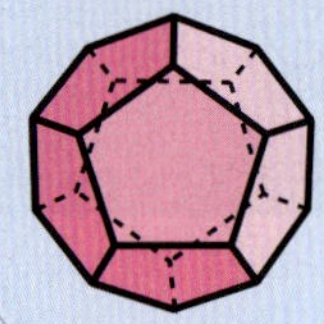

12 caras que son pentágonos regulares.

1. Escribe cuáles de estos cuerpos son poliedros.

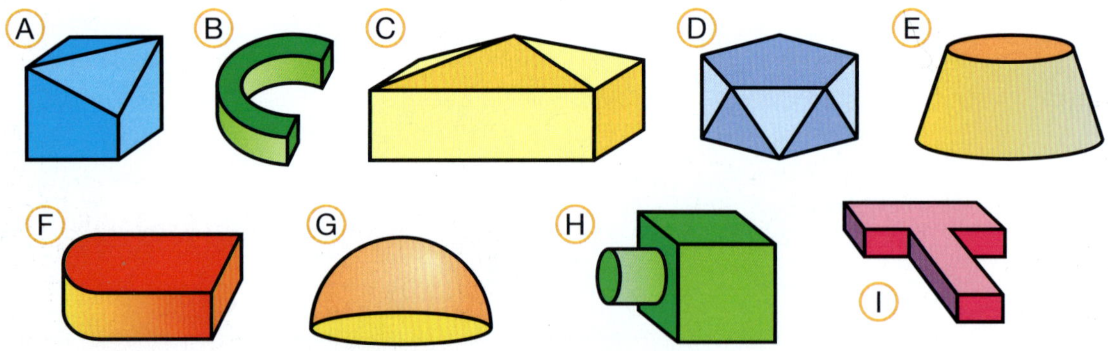

2. Cuenta las caras, vértices y aristas de cada poliedro.

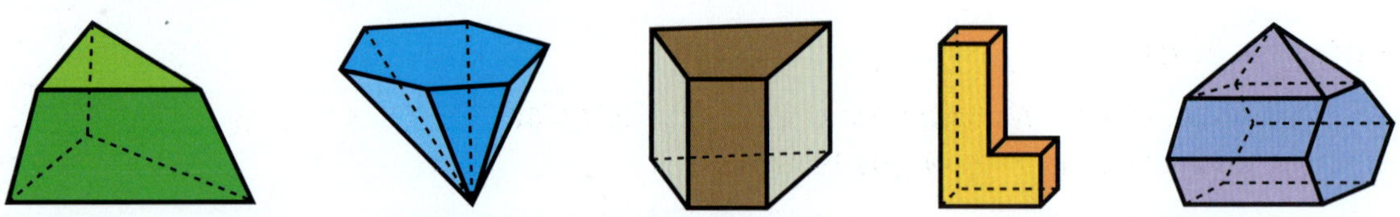

- ¿Qué poliedros de los anteriores son prismas? ¿Cuál es una pirámide?

3 Escribe el nombre del prisma o pirámide que se puede construir.
¿Qué dos desarrollos pertenecen a poliedros regulares?

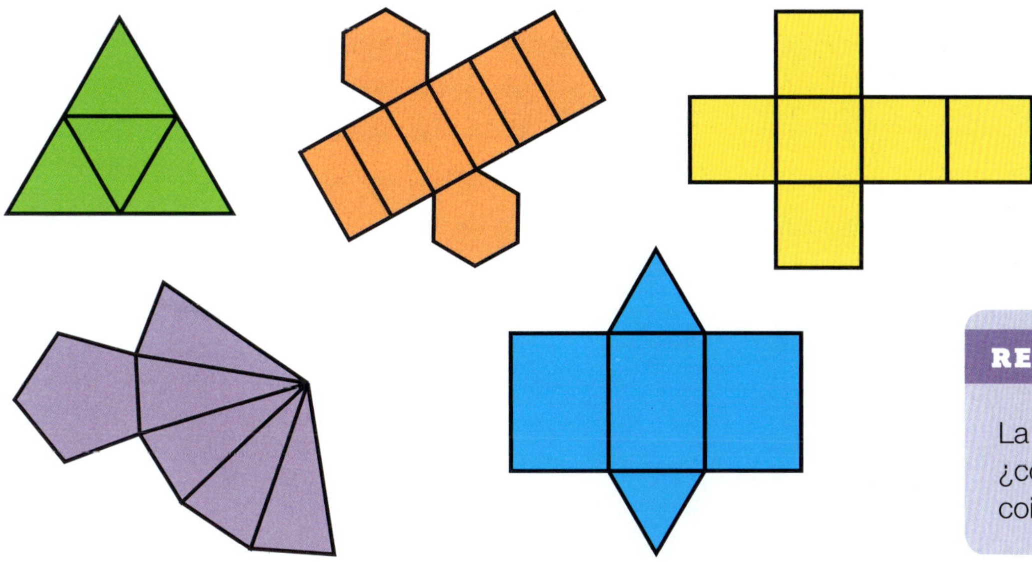

RETO

La altura de un prisma, ¿con qué otro elemento coincide en longitud?

4 Calcula el número de aristas y vértices y completa.

HAZLO ASÍ

Tetraedro

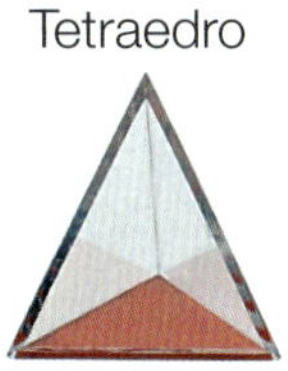

Tiene 4 caras, con 3 lados cada una. Cada arista pertenece a 2 caras. ▶ En total hay $\frac{4 \times 3}{2} = 6$ aristas.

Tiene 4 caras, con 3 vértices cada una. Cada vértice pertenece a 3 caras. ▶ En total hay $\frac{4 \times 3}{3} = 4$ vértices.

Poliedro regular	Número de caras	Número de aristas	Número de vértices
Tetraedro			
Octaedro			
Icosaedro			
Cubo			
Dodecaedro			

CREATIVIDAD

Modela y explica.

▶ Utilizando plastilina, crea distintos poliedros y forma con ellos una figura, una ciudad o cualquier cosa que te sugieran.

Después, escribe en tu cuaderno qué poliedros has usado.

Cuerpos redondos

Hay cuerpos geométricos que no son poliedros.
Los **cuerpos redondos** son cuerpos con superficies curvas.

Sus elementos son:

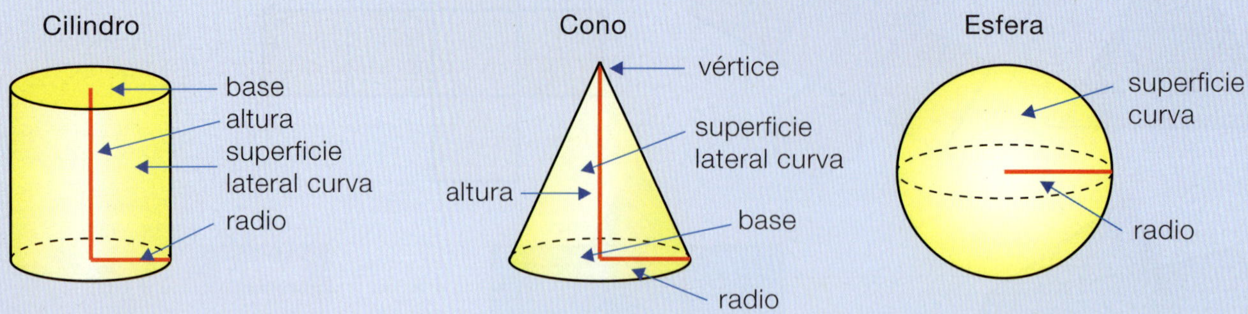

- El cilindro tiene dos bases iguales y circulares y una superficie curva.
- El cono tiene una base circular, un vértice y una superficie curva.
- La esfera tiene una superficie curva.

1. Clasifica cada cuerpo redondo y mide su radio.

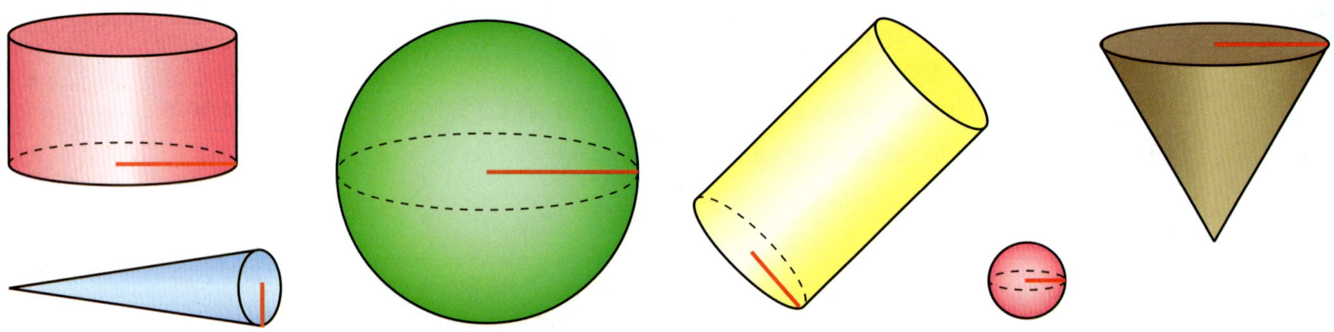

2. Clasifica cada cuerpo y explica las semejanzas y diferencias en cada pareja.

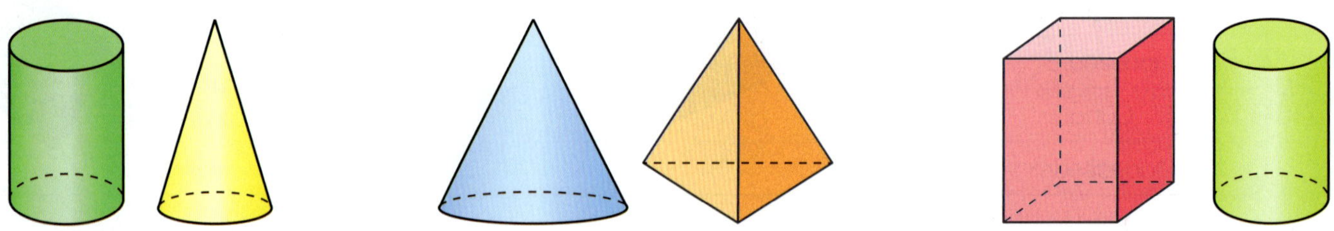

3. Descompón cada figura en cuerpos redondos e indica cuáles son.

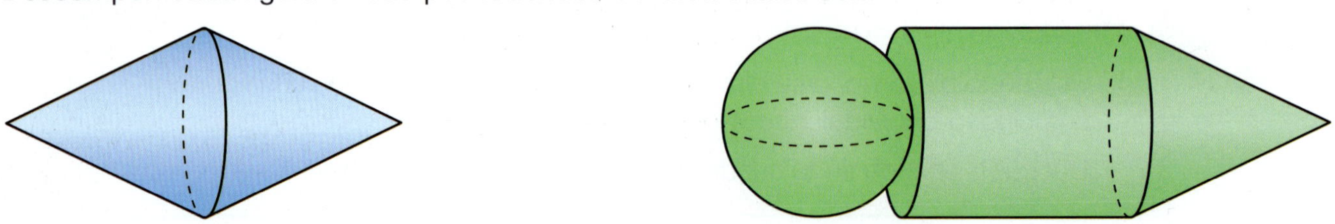

4 Razona cuáles de estos desarrollos corresponden a un cuerpo redondo e indica a cuál.

RETO

La esfera no tiene desarrollo plano. ¿Por qué crees que sucede esto? Averigua cómo afecta a los mapas.

5 Fíjate en cada pareja de desarrollos, mide y contesta.

- ¿Qué cilindro tiene mayor altura? ¿Qué cilindro tiene mayor radio?
- ¿Qué cono tiene mayor radio? ¿Y altura?

CREATIVIDAD

Fíjate en la figura que gira; dibuja y contesta.

- Dibuja el cuerpo geométrico que se obtiene cuando esta figura gira. ¿En qué dos cuerpos redondos puedes descomponer ese cuerpo?
- Dibuja otras figuras que al girar produzcan cuerpos formados por cuerpos redondos.

Volumen de prismas y pirámides

- El **volumen de un prisma** es el producto del área de una de sus bases por su altura.

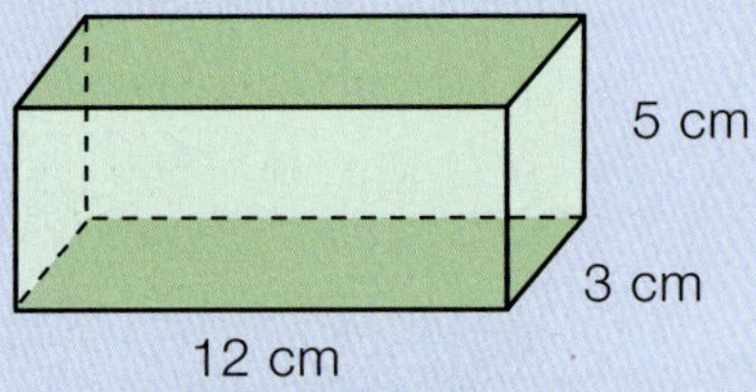

$$V = A_{BASE} \times h$$

$A_{BASE} = 12 \text{ cm} \times 3 \text{ cm} = 36 \text{ cm}^2$

$V = 36 \text{ cm}^2 \times 5 \text{ cm} = 180 \text{ cm}^3$

- El **volumen de una pirámide** es un tercio del producto del área de su base por su altura. La altura de la pirámide es el segmento perpendicular a la base trazado desde el vértice.

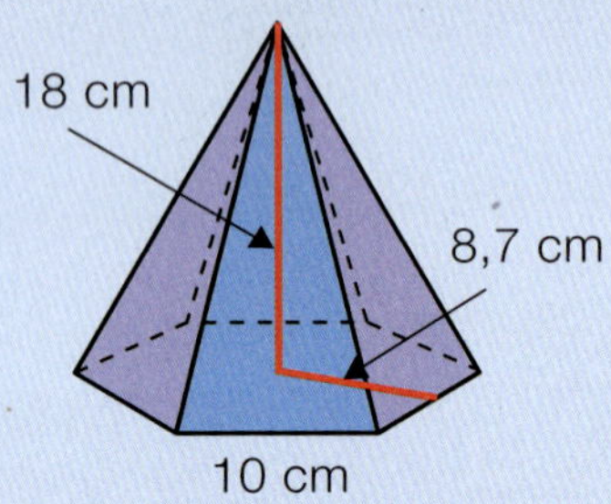

$$V = \frac{A_{BASE} \times h}{3}$$

$$A_{BASE} = \frac{P \times ap}{2} = \frac{6 \times 10 \text{ cm} \times 8{,}7 \text{ cm}}{2} = 261 \text{ cm}^2$$

$$V = \frac{261 \text{ cm}^2 \times 18 \text{ cm}}{3} = 1.566 \text{ cm}^3$$

1 Fíjate en el prisma verde de la explicación de arriba, calcula y contesta.

- Si consideras como base uno de los rectángulos de dimensiones 5 cm y 3 cm, ¿cuánto mide la altura de ese prisma? Calcula su volumen.
- Haz lo mismo tomando como base uno de los rectángulos de dimensiones 12 cm y 5 cm.
- El volumen de ese prisma, ¿depende de la base escogida?

2 Calcula el volumen de cada cuerpo.

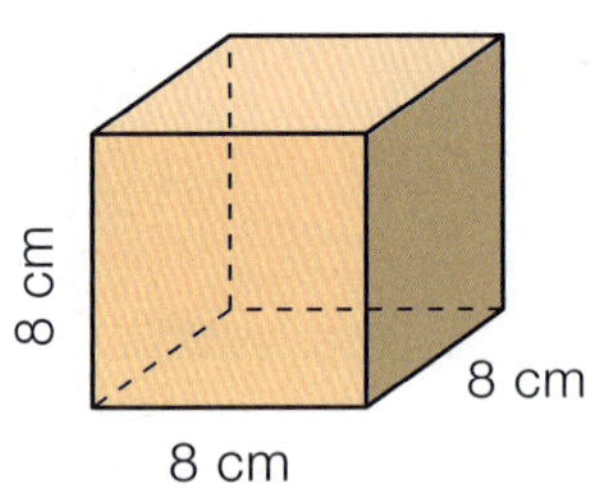

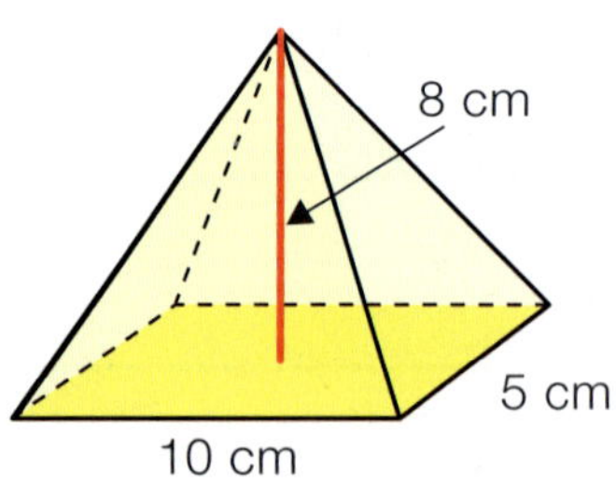

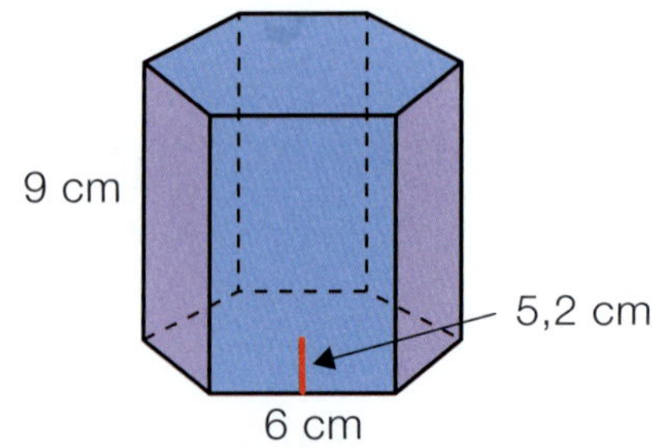

3 Calcula el volumen de cada cuerpo. Haz un dibujo aproximado.

- Un prisma de base triangular y altura 10 cm. Su base es un triángulo de 7 cm de base y 5 cm de altura.
- Una pirámide cuya base es un cuadrado de 10 cm de lado y cuya altura es de 12 cm.

4 Observa los desarrollos y halla los volúmenes de los prismas a los que corresponden.

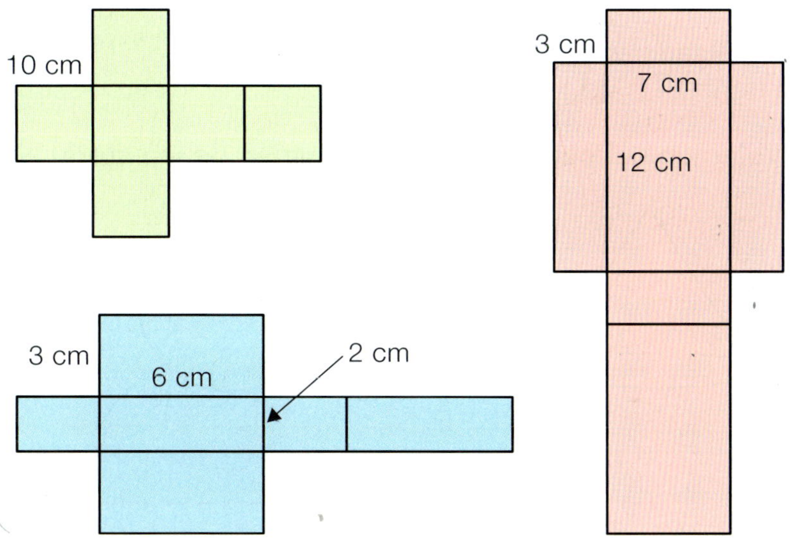

RETO

Calcula el volumen de este cuerpo geométrico.

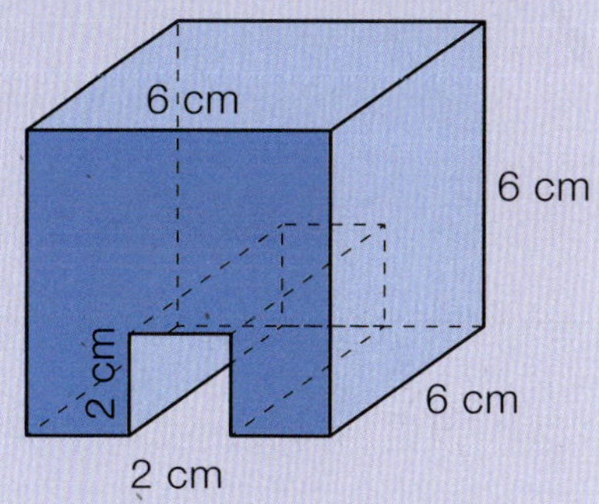

5 Calcula el volumen de cada cuerpo. Fíjate en los cuerpos que lo forman o descomponlo en algunos que conozcas.

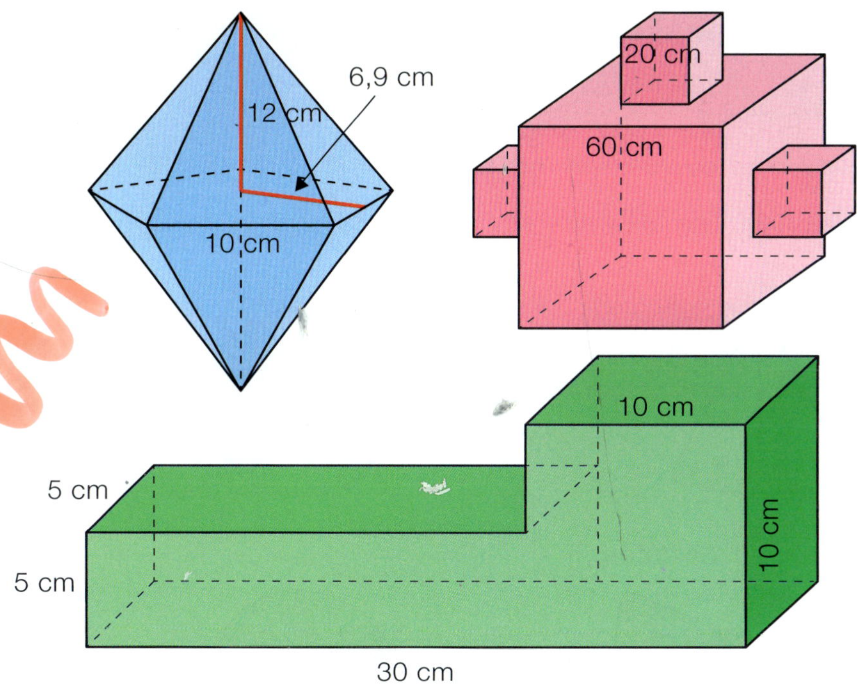

PENSAMIENTO

Piensa y contesta.

- ¿Qué crees que ocurrirá con el volumen de un cubo si multiplicamos la longitud de su arista por 2? ¿Será el doble del volumen del cubo original?

Volumen de cuerpos redondos

El volumen de un cilindro y de un cono se calculan de forma similar al de un prisma y una pirámide, respectivamente. El de la esfera se halla de forma diferente.

En todas las fórmulas se usa la longitud del radio (*r*) del cuerpo.
En el caso del cilindro y el cono se usa también la de su altura (*h*).

Volumen del cilindro

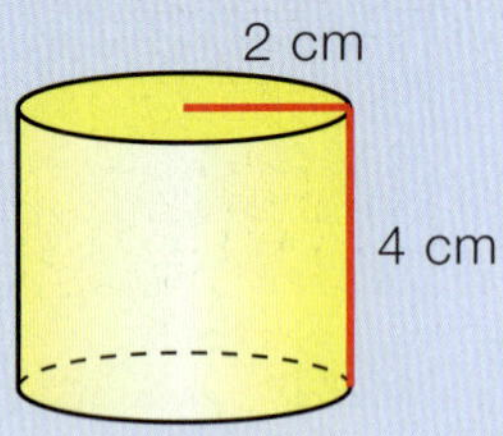

$$V = A_{BASE} \times h$$

$$V = \pi \times r^2 \times h$$

$$V = \pi \times (2\ cm)^2 \times 4\ cm = 3{,}14 \times 4\ cm^2 \times 4\ cm = 50{,}24\ cm^3$$

Volumen del cono

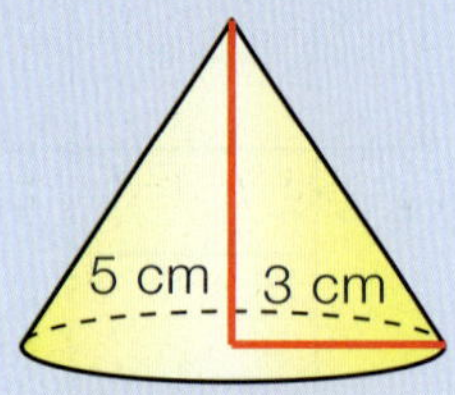

$$V = \frac{A_{BASE} \times h}{3}$$

$$V = \frac{\pi \times r^2 \times h}{3}$$

$$V = \frac{\pi \times (3\ cm)^2 \times 5\ cm}{3} = \frac{3{,}14 \times 9\ cm^2 \times 5\ cm}{3} = 47{,}1\ cm^3$$

Volumen de la esfera

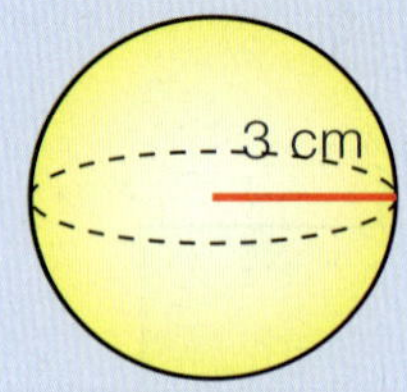

$$V = \frac{4 \times \pi \times r^3}{3}$$

$$V = \frac{4 \times \pi \times (3\ cm)^3}{3} = \frac{4 \times 3{,}14 \times 27\ cm^3}{3} = 113{,}04\ cm^3$$

1 Calcula el volumen de cada cuerpo.

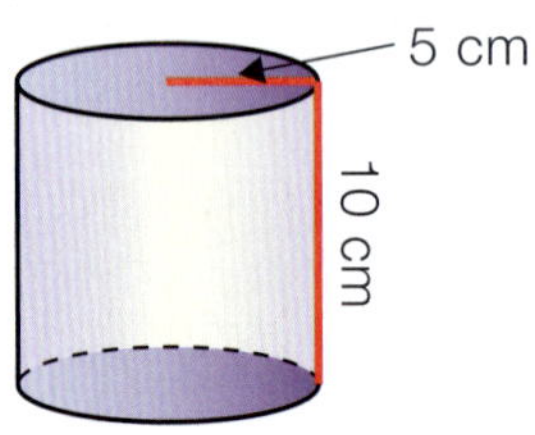

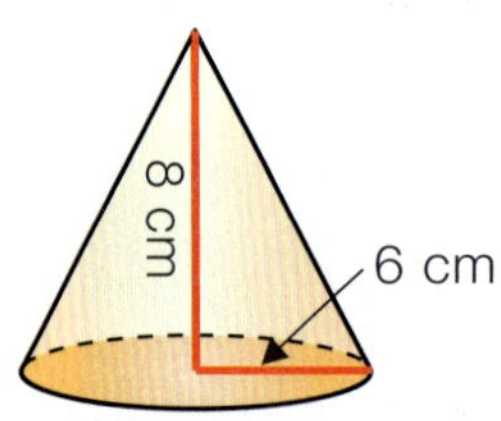

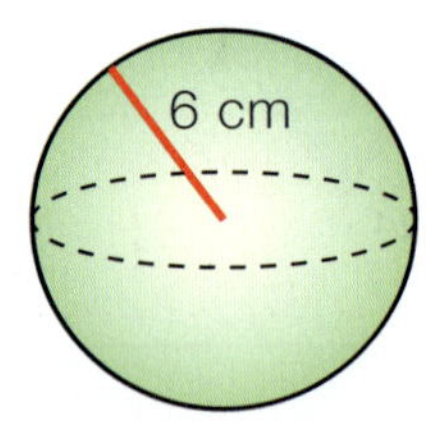

2 Halla el volumen de cada cuerpo. Fíjate bien en los datos.

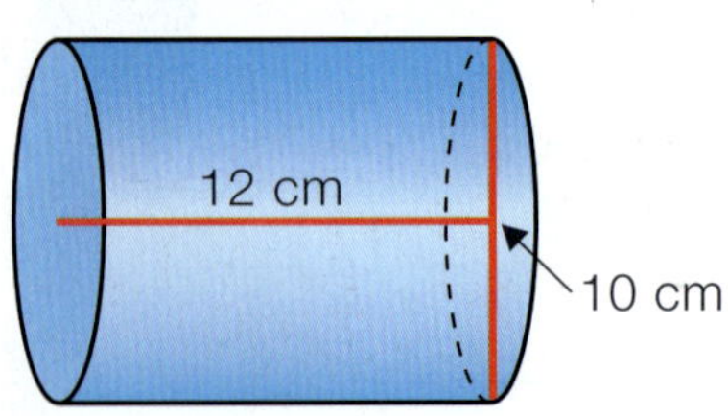

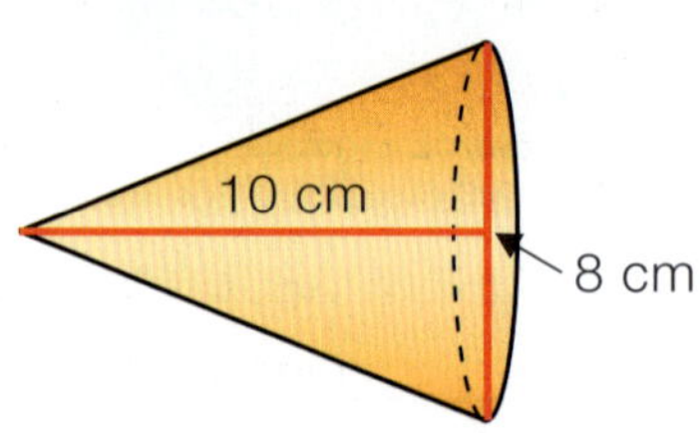

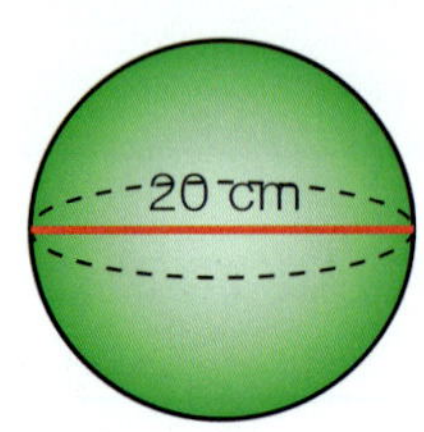

3 Halla el volumen de cada cuerpo redondo.

- Un bote de conservas cilíndrico de radio 10 cm y altura 15 cm.
- Un cono de plástico de radio 12 cm y altura 16 cm.
- Una bola de vidrio de radio 4 cm.

4 Agrupa las figuras para formar los desarrollos de dos cilindros y calcula su volumen.

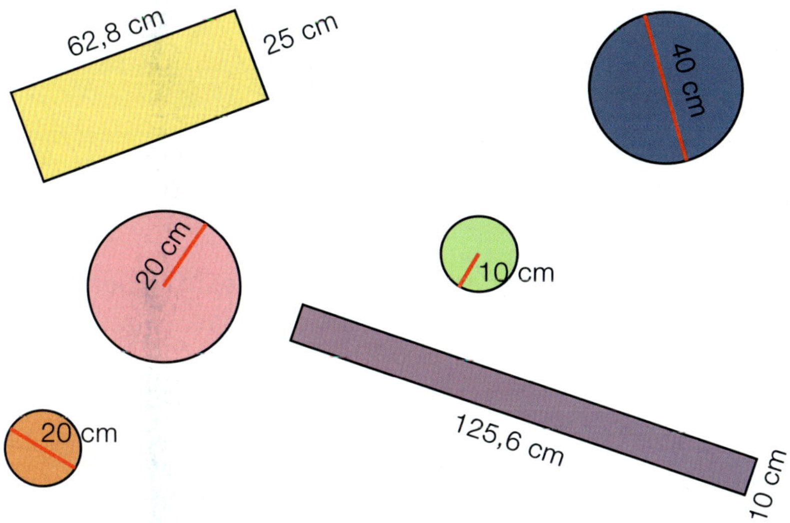

5 Calcula el volumen de cada cuerpo. Fíjate en los cuerpos que lo forman y descomponlo en otros más sencillos.

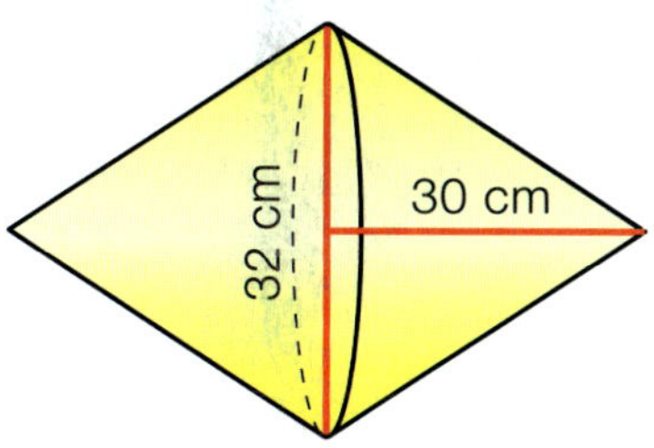

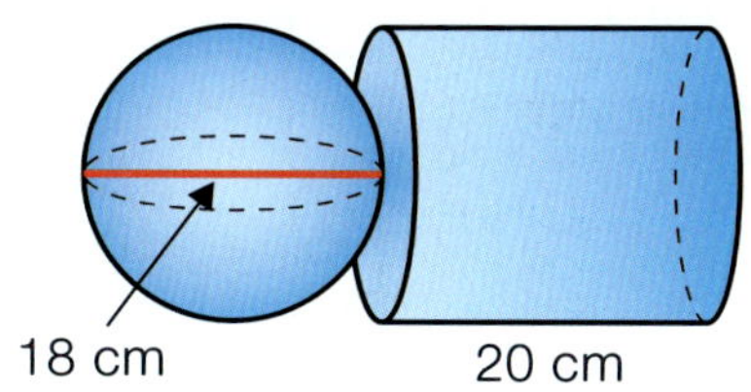

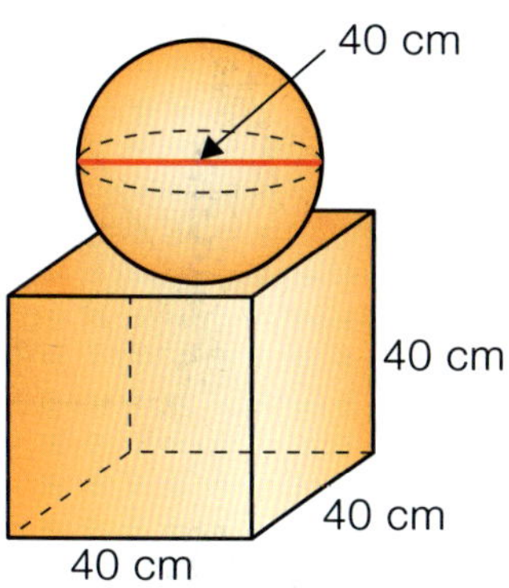

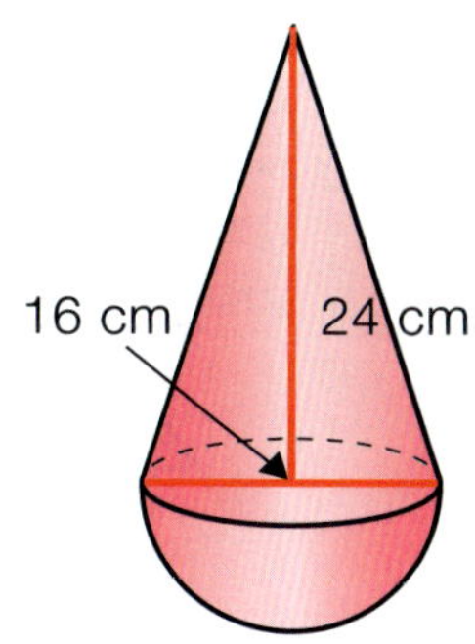

RETO

Calcula el volumen de este cuerpo geométrico.

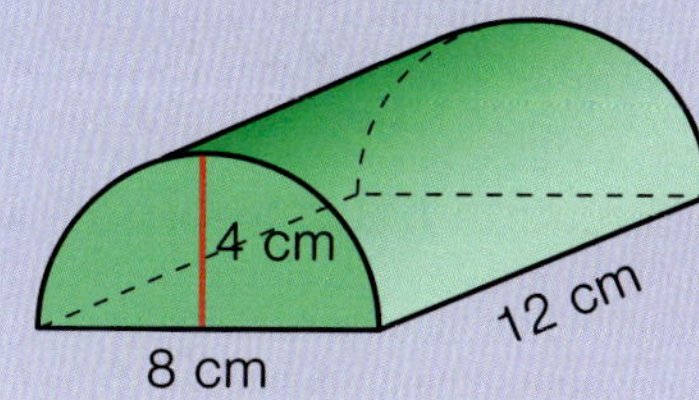

PENSAMIENTO

Piensa y contesta.

- María sabe que el volumen de un cilindro es de 90 cm^3. ¿Cuál es el volumen de un cono que tiene la misma base y altura que ese cilindro?
- Si dividimos entre 2 la longitud del radio de una esfera, ¿qué ocurre con su volumen? ¿Es la mitad del volumen de la esfera inicial? Da valores y comprueba tu respuesta.

COMPRUEBO MI PROGRESO

1 **Define cada uno de estos términos.**

- Poliedro.
- Prisma.
- Pirámide.
- Poliedro regular.
- Cuerpo redondo.
- Cilindro.
- Cono.
- Esfera.

2 **Clasifica cada cuerpo.**

3 **Observa cada cuerpo y contesta.**

- ¿Es un poliedro? ¿Por qué?
- ¿Es un prisma? ¿Por qué?
- ¿Es una pirámide? ¿Por qué?

4 **Cuenta y escribe para cada poliedro de la actividad 3:**

Número de caras | Número de vértices | Número de aristas

5 **Cuenta y comprueba.**

Cuenta en distintos poliedros de esta unidad las caras (*C*), vértices (*V*) y aristas (*A*) y comprueba que se cumple la relación de Euler: $C + V = A + 2$.

6 **Escribe a qué poliedro regular corresponde cada desarrollo.**

7 **Calcula el volumen de estos cuerpos. Fíjate bien en las medidas.**

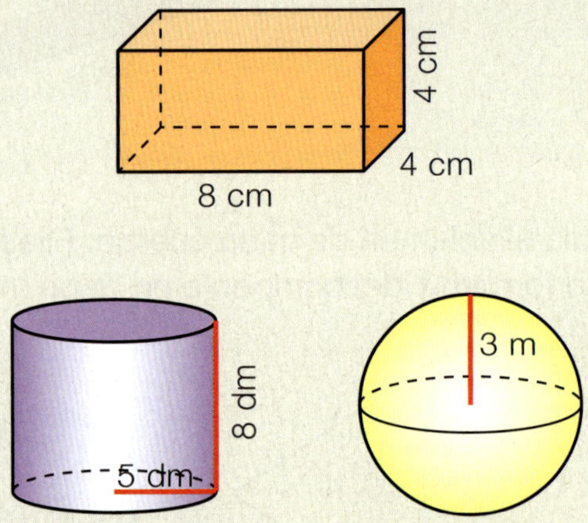

8 **Identifica cada cuerpo y halla su volumen.**

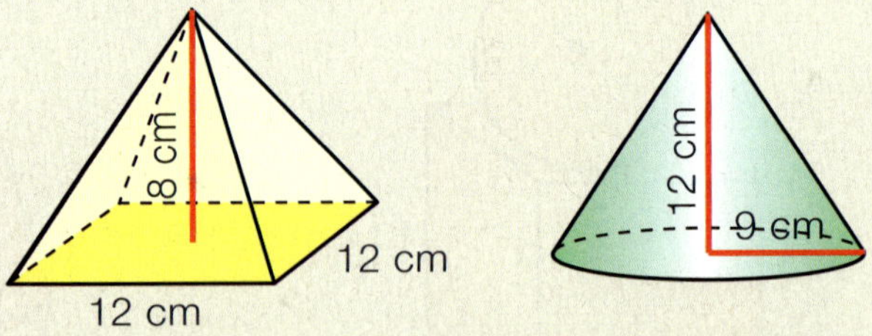

9 **Halla el volumen de cada cuerpo.**

- Un prisma de base rectangular con dimensiones 3 dm y 19 cm y una altura de 2 dm.
- Un cono cuyo radio de la base mide 2 dm y su altura mide el doble.
- Una esfera de diámetro 24 cm.
- Una pirámide de altura 10 cm y base un hexágono regular cuyo lado mide 8 cm y cuya apotema mide 6,93 cm.

Problemas

10 **Piensa y dibuja.**

Sara quiere hacer una caja cúbica y ha dibujado varios desarrollos. Identifica los que pueden formar un cubo y dibuja tú otros posibles.

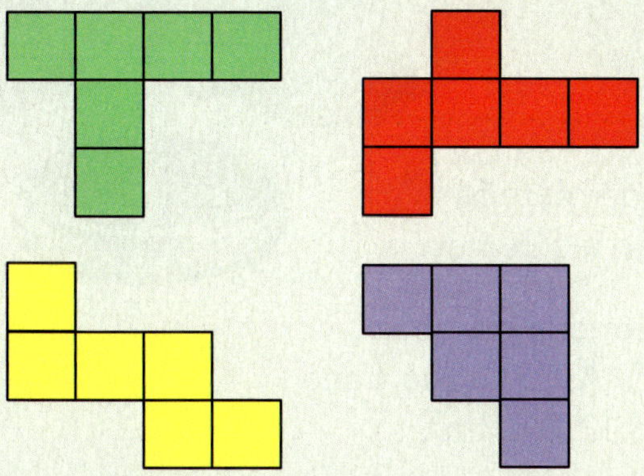

11 **Resuelve.**

- La gran pirámide de Keops tiene una base cuadrada de 230 m de lado y una altura de 136 m.
  ¿Cuál es el volumen de la pirámide?
  ¿A cuántos kilolitros equivale?
- Imagina un enorme cono con dimensiones muy similares a las de la gran pirámide: radio de 115 m y altura de 136 m.
  ¿Cuál sería su volumen?
  ¿Es mayor o menor que el volumen de la pirámide?
- En un cubo de 20 cm de arista se han metido 8 esferas de 5 cm de radio.
  ¿Qué volumen del cubo queda vacío?

12 **Piensa y resuelve.**

En la fábrica de batidos tienen un gran depósito cilíndrico y están pensando en construir otro de forma diferente.

- El depósito cilíndrico está lleno de batido de chocolate. Tiene 10 m de altura y el radio de su base es la mitad.
  ¿Cuántos litros hay en el depósito?
- El contenido del depósito se usará para rellenar briks cuyas dimensiones son 6 cm, 4 cm y 10 cm. ¿Cuántos llenarán?
- En la fábrica dudan entre construir un depósito cúbico con 15 m de arista o uno esférico con 15 m de diámetro.
  ¿Cuál de los dos tiene mayor volumen?
  ¿Cuántos litros puede contener el mayor más que el menor?

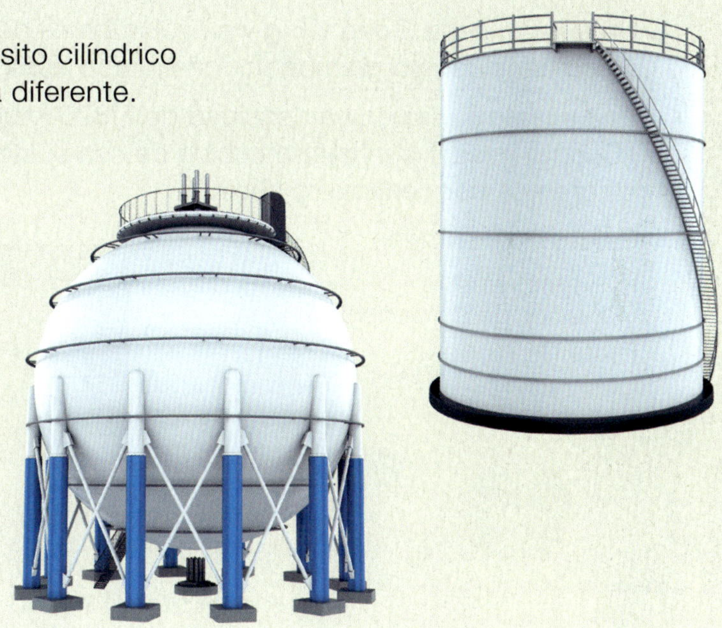

¿CÓMO LO HE HECHO? **Responde en tu cuaderno.**

- ¿Sé reconocer poliedros, prismas y pirámides?
- ¿Reconozco los cuerpos redondos y sus elementos?
- ¿Calculo volúmenes de cuerpos geométricos?

Pon una nota a tu trabajo en esta unidad.

Trabajar con densidades

¿Por qué el aceite flota sobre el agua? ¿Pesa lo mismo 1 cm^3 de mercurio que 14 cm^3 de agua?

Para responder estas preguntas hay que conocer el concepto de densidad.

La densidad se obtiene dividiendo la masa entre el volumen. La densidad es una propiedad característica de la materia. Cada tipo de materia tiene un valor propio para la densidad que la distingue de las demás.

La densidad de las sustancias se suele expresar en kilogramos por metro cúbico (kg/m^3) o en gramos por centímetro cúbico (g/cm^3). Así, el agua tiene una densidad de 1 g/cm^3, el aceite 0,9 g/cm^3, el mercurio 13,6 g/cm^3...

1 **Piensa y contesta.**

- Un cuerpo pesa 3 dag y 6 g y su volumen es de 4 cm^3. ¿Cuál es el valor de su densidad en gramos por centímetro cúbico?
- Una sustancia tiene una densidad de 7.800 kilogramos por metro cúbico. ¿Cuánto pesa 1 centímetro cúbico de esa sustancia? ¿Cuál es su densidad en gramos por centímetro cúbico?
- Calcula el volumen de cada cubo y el valor de su densidad. Fíjate en su peso.

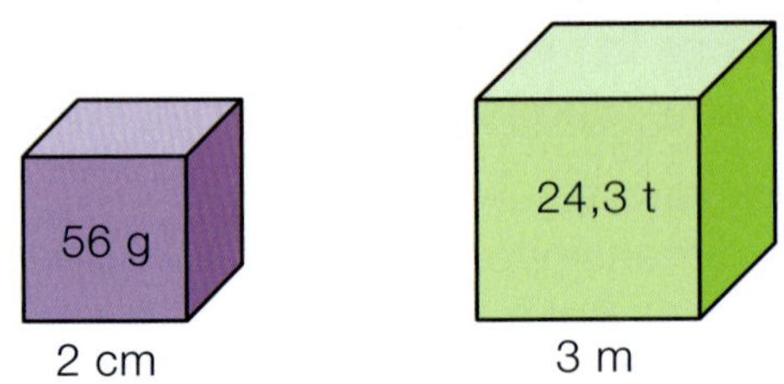

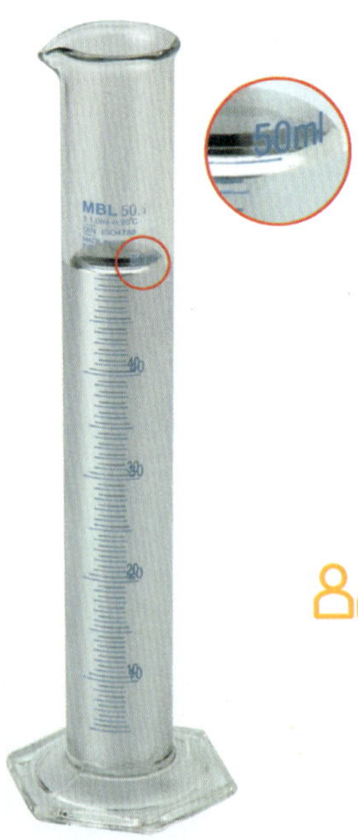

2 **Piensa y contesta.**

- ¿Cuánto pesará el mercurio contenido en la probeta de la izquierda si la densidad del mercurio es de 13,6 g/cm^3?
- Si en esa probeta añadimos 10 cm^3 más de mercurio, ¿cuál será el nuevo volumen? ¿Y la densidad? ¿Cómo hallarías el peso total del mercurio?
- ¿Cuál sería el volumen y la densidad si quitas 20 cm^3 de la probeta? ¿Cuánto pesaría el mercurio que queda?

3 **Busca y resuelve.**

Junto con tu compañero o compañera, busca información sobre densidades de distintas sustancias y plantea problemas similares a los de esta página. Intercambiadlos con otras parejas y resolvedlos.

Juega con cuerpos geométricos

Material: Cartas de cuerpos geométricos.

Número de jugadores: 4

Reglas del juego:

Se barajan las cartas y se dejan bocabajo sobre la mesa organizadas en 3 filas y 6 columnas.

Por turnos, cada participante levanta dos cartas y se las muestra al resto.

- Si una de ellas es un cuerpo geométrico y la otra su desarrollo, debe explicar a los demás cómo se calcula el volumen de dicho cuerpo geométrico. Si todos los jugadores están de acuerdo, se las guarda y vuelve a coger dos cartas.
- Si las dos cartas no son un cuerpo geométrico y su desarrollo, o si no se explica correctamente cómo calcular el volumen, las deja sobre la mesa bocabajo y en el lugar en el que estaban.

Quien haya conseguido formar el mayor número de parejas cuando ya no queden cartas sobre la mesa obtiene 1 punto.

Ganador: Gana quien primero consiga 4 puntos.

1 Dibuja en tu cuaderno el desarrollo plano de este cuerpo geométrico.

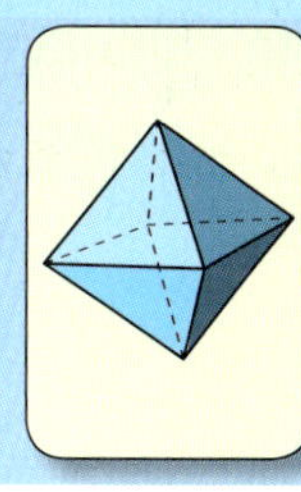

Retos matemáticos

La cara inferior

Tres dados están colocados formando una torre. La cara inferior de cada dado marca los mismos puntos que la superior del dado que está debajo. Si en la cara de arriba hay un 6, ¿cuánto marca la cara de más abajo?

La naranja

Hemos marcado tres puntos en una naranja. ¿Podemos cortar la naranja por la mitad de tal manera que los tres puntos queden en una de sus partes?

Solución de problemas

Elegir la solución correcta entre varias

En la fábrica han envasado 1.000 litros de zumo de piña en briks de 200 cm^3 cada uno. ¿Cuántos briks han obtenido?

Calcula mentalmente y elige la solución correcta.

A. Han obtenido 5 briks.

B. Han obtenido 50.000 briks.

C. Han obtenido 500.000 briks.

D. Han obtenido 5.000 briks.

▶ Sabes que 1 cm^3 = 1 ml, luego cada brik contiene 200 ml.
Con 1 litro de zumo (1.000 ml) se obtendrán
1.000 : 200 = 5 briks.
En total serán 5 × 1.000 = 5.000 briks.
La respuesta correcta es la D.

Elige la solución correcta calculando mentalmente. Después, comprueba tu respuesta.

1. En una almazara tenían un gran depósito de 4 kl lleno de aceite. Envasaron todo en garrafas de 0,5 dal cada una. ¿Cuántas garrafas obtuvieron?

   A. Obtuvieron 8 garrafas.

   B. Obtuvieron 8.000 garrafas.

   C. Obtuvieron 800 garrafas.

   D. Obtuvieron 80.000 garrafas.

2. Un camión puede transportar 3 t y 5 q de carga. Va cargado con 6 paquetes de 500 kg cada uno. ¿Cuántos kilos más puede llevar?

   A. Puede llevar 50 kg más.

   B. No puede llevar más peso.

   C. Puede llevar 5.000 kg más.

   D. Puede llevar 500 kg más.

3. Sonia tiene que colocar placas de madera en el suelo de una pista de 2 dam^2. Va a utilizar placas cuadradas de 2 dm de lado. ¿Cuántas placas utilizará?

   A. Utilizará 5.000 placas.

   B. Utilizará 1.000 placas.

   C. Utilizará 500 placas.

   D. Utilizará 2.000 placas.

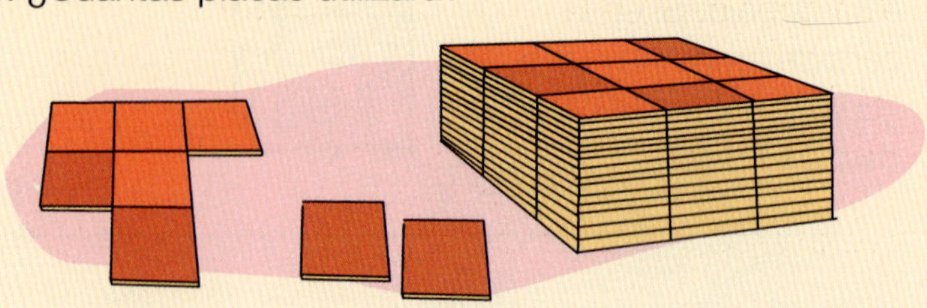

REPASO ACUMULATIVO

1 Escribe cómo se lee cada número.

- 30.045.203
- 402.800.920
- 27,803
- 134,99

2 Calcula.

- Todos los divisores de 24.
- m.c.m. (8, 10 y 16)
- m.c.d. (4, 12 y 14)

3 Ordena cada grupo de menor a mayor.

- $\frac{11}{5}$ $\frac{18}{8}$ 2,4 2,139
- $\frac{15}{2}$ 7,49 7,488 $\frac{37}{5}$

4 Expresa en la unidad indicada.

- En dm: 0,5 km; 6 dam y 150 mm
- En cl: 5.200 ml; 0,03 hl y 4 dal
- En hg: 0,007 t; 3,2 kg y 2.900 cg
- En h: 540 min; 43.200 s
- En m^2: 0,07 hm^2; 5 dam^2 y 800 cm^2
- En hl: 2,3 kl; 4 dal y 53 dl.

5 Completa en tu cuaderno.

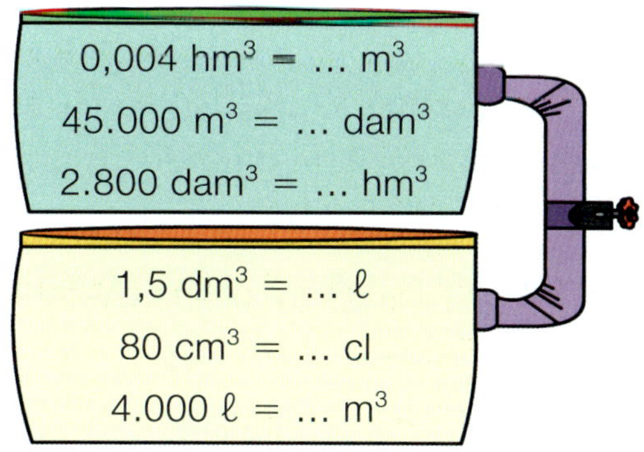

6 Piensa y contesta.

Un mueble de 2 m de longitud mide en un plano 4 cm. ¿A qué escala está hecho ese plano?

7 Calcula el área de cada figura.

- Un cuadrado de lado 3,5 cm.
- Un romboide de base 10 cm y altura el doble de la base.
- Un círculo de diámetro 14 cm.
- Un triángulo de base 40 cm y altura un 30 % de la base.

Problemas

8 Silvia contestó ayer 400 correos. Un quinto eran de compañeros suyos, el 60 % de clientes y el resto de su directora. ¿Cuántos correos de su directora contestó ayer?

9 Martín tenía un depósito de 5 hm^3. Lo amplió y el volumen actual es un 20 % mayor. ¿Cuántos litros caben en el nuevo depósito?

10 Lidia pagó 120 € por 4 cajas de manzanas de 15 kg cada una. Si el precio del kilo es el mismo, ¿cuánto habría pagado por 7 cajas de 20 kg cada una?

11 Concha ha hecho un viaje de 540 km. Sabe que, cada 100 km, gasta 7,1 ℓ de gasolina. ¿Cuántos litros de gasolina ha gastado?

12 En un depósito hay 5 kl y 4 hl de un líquido. En total pesan 4,86 t. ¿Cuántos kg pesarán 7 hl de ese líquido?

13 Si una parcela de 5 ha se divide en 8 trozos iguales, ¿cuántos dam^2 tiene cada trozo?

14 En la piscina de Leo caben 12 m^3 de agua. Ahora hay 4.000 ℓ. ¿Cuántos dm^3 más caben?

Analizar pictogramas

En el pictograma se han representado los envíos repartidos por una empresa de mensajería durante los últimos años.

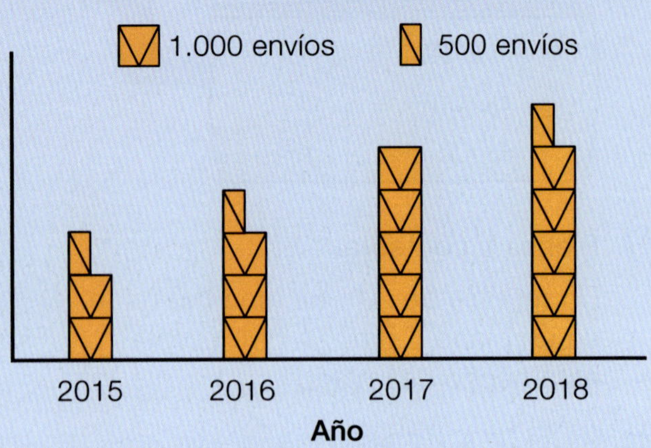

Fíjate en que en 2015 repartieron 2.500 envíos, y en 2016 repartieron 1.000 envíos más.

1 **Observa el pictograma de arriba y contesta.**

- ¿Cuántos envíos repartieron en 2017 y 2018?
- El número de envíos, ¿creció o disminuyó entre esos años?
- En la empresa de mensajería han decidido comprar más furgonetas para repartir. ¿Por qué piensas que lo han hecho?

2 **Fíjate en el pictograma, lee el texto y contesta.**

En el gráfico tienes las empanadas vendidas usualmente cada día de la semana según su tamaño (grandes, 8 personas; pequeñas, 4 personas).

Al verlo, en la tienda han tomado estas decisiones. Indica si te parecen correctas o no y por qué.

- Los miércoles y jueves harán las mismas empanadas de cada tipo.
- El día que más empanadas grandes harán será el sábado.
- Harán siempre 3 empanadas pequeñas.
- Ningún día harán menos de 2 empanadas grandes.
- Harán siempre 3 empanadas grandes.

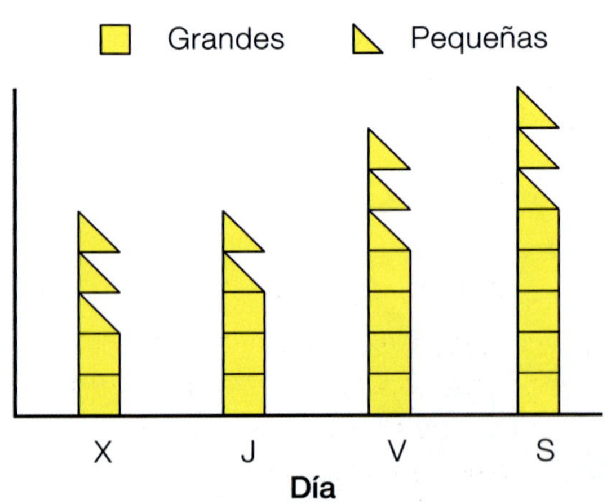

Analizar histogramas

El histograma muestra los envíos entregados ayer por la mensajería clasificados según sus pesos.

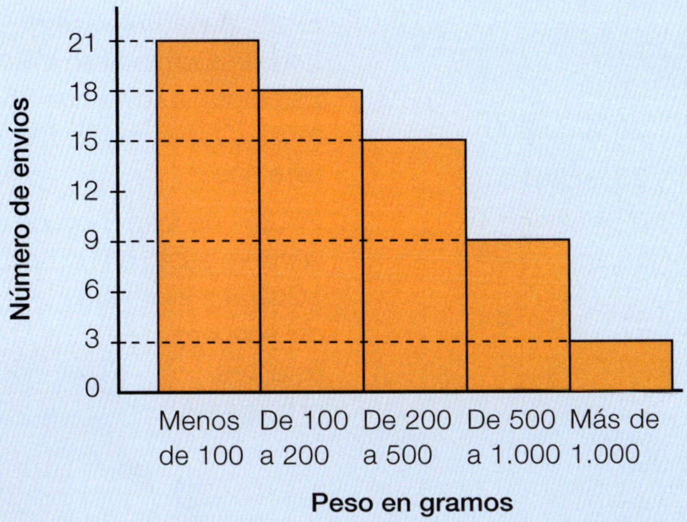

Fíjate en que solo 12 envíos pesaron 500 o más gramos. El grupo más numeroso fue el de los envíos que pesaban menos de 100 gramos.

1 Observa el histograma anterior y contesta.

- En la empresa usan cajas para los envíos que pesen entre 100 g y 500 g. ¿Cuántas cajas de ese tipo utilizaron ayer?
- El encargado dice que hubo más envíos mayores de 200 g que envíos de peso menor. ¿Tiene razón?
- El peso total de los envíos menores de 200 g, ¿pudo ser mayor de 6 kg? ¿Por qué?

2 Observa el histograma, razona y contesta.

Una científica ha elaborado un histograma con el número de frutos en un tipo de planta. Razona si cada frase es cierta o no.

- Lo más común es que la planta tenga entre 5 y 8 frutos.
- Lo menos común es que tenga menos de 5 frutos.
- Hay más plantas con menos de 8 frutos que con 8 o más frutos.

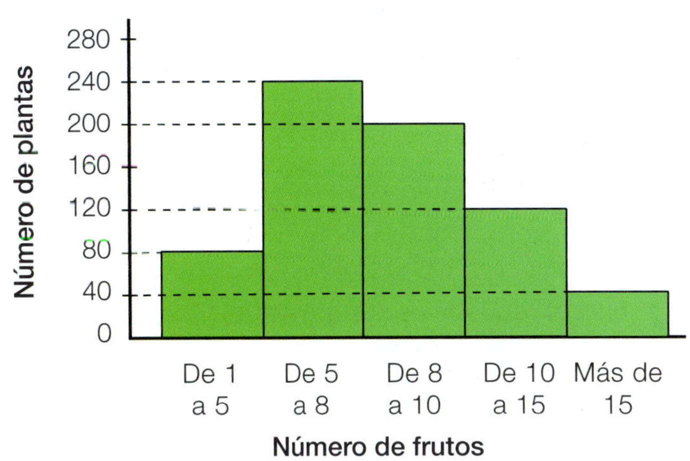

Cálculo mental

Calcula el 20 % o multiplica por 0,2

20 % de 45
0,2 × 45 → 45 : 5 = 9

20 % de 5 | 20 % de 500
20 % de 10 | 20 % de 450
0,2 × 35 | 0,2 × 300

Calcula el 25 % o multiplica por 0,25

25 % de 32
0,25 × 32 → 32 : 4 = 8

25 % de 4 | 25 % de 800
25 % de 12 | 25 % de 120
0,25 × 40 | 0,25 × 320

Un porcentaje, varios números

Escribe un número:

- Cuyo 20 % sea 30.
- Cuyo 20 % sea 100.
- Cuyo 25 % sea 20.
- Cuyo 25 % sea 150.

Pequeños problemas

Calcula mentalmente

1. De los 30 estudiantes de una clase, el 20 % tiene alguna alergia. ¿Cuántos estudiantes tienen alergia?
2. El año pasado llovieron 240 litros en total en Villares. Este año ha llovido un 25 % más. ¿Cuánto ha llovido este año?
3. El 20 % de los 75 km de un sendero están en un bosque. ¿Cuántos kilómetros del sendero están en el bosque?

¿Qué sabes ya?

Agrupación de datos en una tabla

Si tenemos muchos datos, es conveniente hacer un recuento y expresar el resultado en una tabla.

Los puntos en 18 tiradas de dados son:

6, 2, 4, 3, 1, 5, 3, 1, 3, 4, 4, 3, 1, 3, 4, 6, 3, 4

Recuento:

1 ▶ 3 veces
2 ▶ 1 vez
3 ▶ 6 veces
4 ▶ 5 veces
5 ▶ 1 vez
6 ▶ 2 veces

Puntuación	N.º de veces
1	3
2	1
3	6
4	5
5	1
6	2

1 Haz el recuento y agrupa cada conjunto de datos en una tabla.

- 6, 8, 9, 7, 8, 6, 7, 9, 7, 9, 7, 7
- 3, 5, 3, 4, 5, 3, 3, 3, 5, 5, 4, 4

Más probable, menos probable

Si se saca una bola al azar:

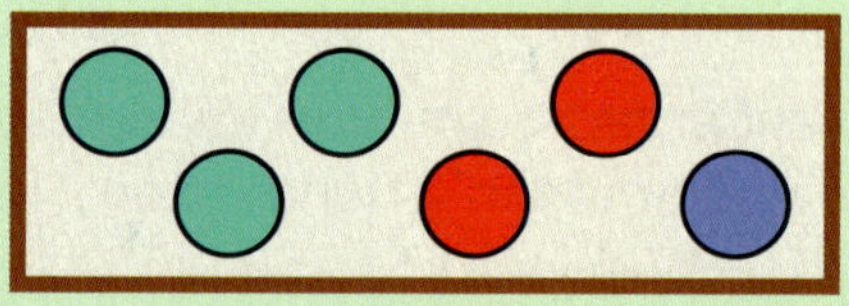

– Sacar bola verde es más probable que sacar bola roja.
– Sacar bola azul es menos probable que sacar bola roja.
– El color más probable es el verde, el menos probable es el azul.

2 Fíjate en el dibujo y escribe frases con *más probable que*, *menos probable que*, *el más probable* y *el menos probable*.

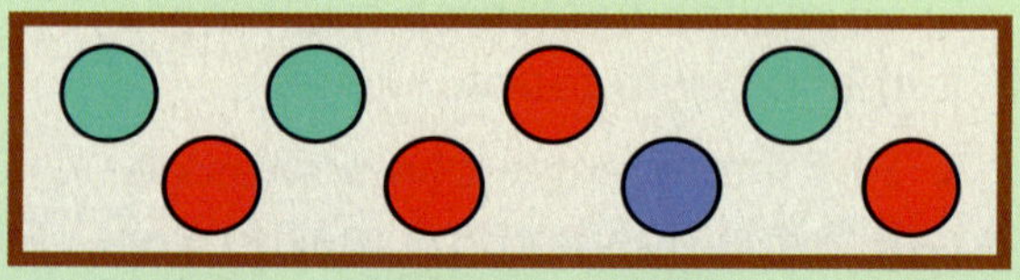

12 Probabilidad y estadística

Tiempo para leer

A lo largo de la historia, la estatura media del ser humano ha cambiado debido a factores como la alimentación y las condiciones sanitarias.

En el Imperio romano, los hombres más altos eran reclutados para la guardia del emperador y su estatura media no superaba 1,76 m. La estatura media usual era de 1,65 m.

Durante los siguientes siglos, las condiciones provocaron un descenso de la estatura. Las armaduras de la Edad Media muestran que la estatura media era de 1,60 m, y en el siglo XVIII no llegaba a 1,60 m.

Desde finales del siglo XIX hasta hoy las condiciones sanitarias y las mejoras alimentarias han hecho crecer mucho la estatura media.

Tiempo para hablar

- ¿Qué quiere decir estatura media? ¿Significa que todas las personas miden lo mismo?
- Explica cómo calcularías la estatura media de tu grupo de amigos y la de los habitantes de tu comunidad autónoma. ¿Puede hacerse de la misma forma?
- Si a una clase de 6.º llegan varias personas nuevas más altas que todas las que hay ahora, ¿qué ocurrirá con la estatura media?
- ¿Puedes calcular la media de cualquier característica? Di ejemplos de algunas en las que sí sea posible y de otras en las que no se pueda hallar.

Variables estadísticas

Paco trabaja en una agencia de viajes y quiere tener más información sobre los gustos y costumbres de los clientes.
Por eso, ha hecho una encuesta a varias personas sobre su último viaje. Como las preguntas son variadas, ha obtenido datos de distintos tipos.

La **estadística** se encarga de recoger y extraer información de los datos. El lugar visitado, la duración del viaje, el precio, el medio de transporte utilizado... son **variables estadísticas**. Hay de dos tipos:

- Pregunta: ¿cuántos días duró el viaje?
  Respuestas: 5, 20, 7, 14... ▶ Todas las respuestas son números.
  La duración de un viaje es una **variable cuantitativa**.
- Pregunta: ¿qué medio de transporte utilizó en el viaje?
  Respuestas: avión, coche, tren... ▶ Las respuestas no son números.
  El medio de transporte utilizado es una **variable cualitativa**.

La estadística recoge datos para extraer información de ellos.

Las variables estadísticas pueden ser cuantitativas (tienen valores numéricos) o cualitativas (tienen valores no numéricos).

1 Escribe qué pregunta harías para obtener información sobre cada variable y di si la variable es cuantitativa o cualitativa.

RECUERDA

Piensa si las respuestas son numéricas o no.

- La edad.
- La nacionalidad.
- La comida favorita.
- El peso.
- La estatura.
- El color de los ojos.

EJEMPLO La edad: ¿cuántos años tienes? Es una variable cuantitativa.

2 Escribe tres variables cuantitativas y tres variables cualitativas.

3 Observa cada grupo de respuestas y escribe cuál puede ser la variable estadística y de qué tipo es.

- 8, 5, 7, 9, 5
- fútbol, baloncesto, fútbol, tenis, kárate
- rojo, azul, verde, rosa, azul
- 1, 2, 0, 1, 1
- sandía, melón, ciruela, pera, piña
- 65, 32, 40, 89, 23

EJEMPLO 8, 5, 7, 9, 5

Variable estadística: notas de un examen.
Tipo de variable: cuantitativa.

Frecuencia absoluta y frecuencia relativa 12

Isabel ha preguntado a 10 compañeros y compañeras qué número de calzado usan y ha anotado sus respuestas.

Observa el dato 34:

- Aparece 3 veces. ▶ La **frecuencia absoluta** de 34 es 3.
- En total hay 10 datos. ▶ La **frecuencia relativa** de 34 es $\frac{3}{10}$.

Isabel cuenta las veces que aparece cada dato y construye la **tabla de frecuencias**.

Número de calzado	34	35	36	37
Frecuencia absoluta	3	4	2	1
Frecuencia relativa	$\frac{3}{10}$	$\frac{4}{10}$	$\frac{2}{10}$	$\frac{1}{10}$

▶ Suma: 10 (número total de datos)

▶ Suma: $\frac{10}{10} = 1$

- La frecuencia absoluta de un dato es el número de veces que aparece.
- La frecuencia relativa de un dato es el cociente entre el número de veces que aparece dicho dato y el número total de datos.

1 Completa en tu cuaderno la tabla de frecuencias. Después, contesta.

Iván ha anotado la mascota favorita de sus doce amigos:

perro	gato	perro	conejo
perro	perro	gato	perro
gato	perro	perro	gato

Mascota	perro	
Frecuencia absoluta		
Frecuencia relativa		

- ¿Cuál es la suma de las frecuencias absolutas? ¿Con qué coincide?
- ¿Cuál es la suma de las frecuencias relativas?

2 Tira un dado 10 veces y construye la tabla de frecuencias de los resultados. Lanza una moneda 12 veces y construye también la tabla de frecuencias.

CREATIVIDAD

Piensa y experimenta.

▶ Haz una encuesta en la clase o a tu familia con tres preguntas, anota los resultados y, después, haz la tabla de frecuencias de cada pregunta.

¿Tienen que coincidir las sumas de las frecuencias absolutas de todas las preguntas?

Media y moda

El entrenador ha anotado el peso de los 12 jugadores del equipo. Como algunos se repiten, agrupa los datos en la siguiente tabla:

Peso en kilos	62	63	64	65
Frecuencia absoluta	2	1	4	5

- ¿Cuál es el peso medio?

  Calcula la **media** de los datos:

  1.º Multiplica cada dato por su frecuencia absoluta y suma los productos.

  $62 \times 2 + 63 \times 1 + 64 \times 4 + 65 \times 5 =$
  $= 124 + 63 + 256 + 325 = 768$

  2.º Divide la suma entre el número de datos.

  N.º de datos: $2 + 1 + 4 + 5 = 12$
  $768 : 12 = 64$

  El peso medio es 64 kg.

- ¿Cuál es el peso que más se repite?

  El dato que más se repite es 65, porque es el que tiene mayor frecuencia absoluta (5). Este dato se llama **moda**.

  La moda de los pesos es 65 kg.

- La media de un grupo de datos se obtiene al dividir la suma de los productos de cada dato por su frecuencia absoluta entre el número total de datos.
- La moda es el dato (o datos) con mayor frecuencia absoluta.

1 **Calcula la media y la moda. Después, contesta.**

Rocío ha anotado en la tabla el número de canastas que metió cada jugadora de su equipo en un partido.

Número de canastas	0	1	2	3	4
Frecuencia absoluta	1	2	4	2	1

- ¿Coinciden la media y la moda de los datos?
- ¿Deben coincidir siempre estos dos valores?

2 **Calcula la media y la moda de los siguientes grupos de números.**

PRESTA ATENCIÓN

Si hay datos repetidos, agrúpalos en una tabla.

- 3, 10, 7, 7, 4, 5
- 1, 5, 2, 4, 2, 3, 5, 2
- 10, 5, 15, 10, 20, 5, 10, 10, 5, 10

3 Observa la tabla de frecuencias absolutas y contesta.

En clase de Música han anotado el número de personas que tocan cada instrumento.

Instrumento	Frecuencia
Pandero	5
Xilófono	7
Platillos	3
Flauta	7
Claves	3

- ¿Cuántas personas hay en la clase de Música?
- ¿Cuál es la mayor frecuencia absoluta? ¿Qué datos la tienen? ¿Cuáles son las modas? ¿Cuántas hay?
- ¿Puedes calcular la media de los datos? ¿Por qué?

RETO

La media de cuatro números es 8. Si añadimos un 3, ¿cuál es la media de los cinco números?

4 Piensa y escribe.

- Cuatro números cuya media sea 8.
- Cinco números cuya media sea 10.
- Seis números cuya moda sea 4.
- Siete números que tengan dos modas.

Problemas

5 Resuelve.

- Mila ha comprado varios libros de estos precios (en €):

  10 12 26 12 16 12 20 16 20

  ¿Cuál es el precio medio de los libros?
  ¿Cuál es la moda de los precios?

- Elisa ha hecho esta semana varios recorridos en bicicleta. Las distancias en kilómetros han sido:

  3,2 5,4 1,6 4,5 2,8

  ¿Cuál es la distancia media de los recorridos?

PENSAMIENTO

Piensa y contesta.

David lanza un dado 10 veces y anota los resultados.

- ¿Qué valores pueden tener los datos?
- ¿Cuál es el menor valor que puede tener la media? ¿Y el mayor?
- ¿Puede ser la media un número que no le haya salido ninguna vez? ¿Puede ser un número decimal?

Mediana

Patricia ha cortado tiras de papel para adornar un farolillo:
3 tiras azules de 25 cm, 15 cm y 20 cm, respectivamente,
y 4 tiras rojas de 12 cm, 18 cm, 14 cm y 16 cm.
¿Cuál es la mediana de las longitudes de las tiras azules?
¿Y de las tiras rojas?

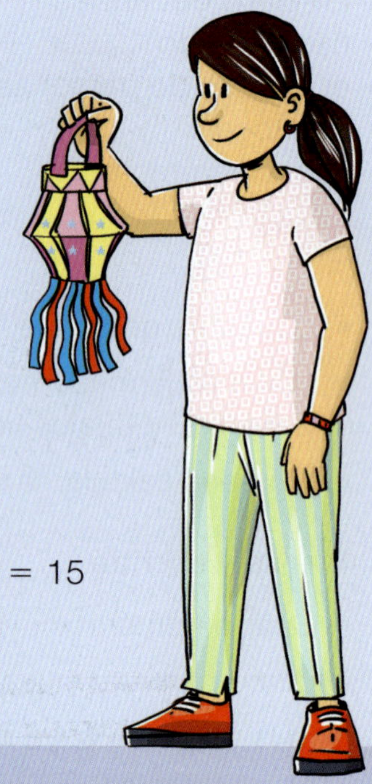

Para calcular la **mediana** de las 3 tiras azules:

1.º Ordena los datos.

2.º Busca el dato que ocupa el lugar central.

15 <u>20</u> 25

↑ Dato central

La mediana es 20 cm.

Para calcular la **mediana** de las 4 tiras rojas:

1.º Ordena los datos.

2.º Busca los dos datos centrales y calcula su media.

12 <u>14 16</u> 18

↑ Datos centrales ▸ $\frac{14 + 16}{2} = 15$

La mediana es 15 cm.

- La mediana de un grupo con un número impar de datos es, una vez ordenados, el dato que ocupa el lugar central.
- La mediana de un grupo con un número par de datos es, una vez ordenados, la media de los dos datos centrales.

1 Calcula la mediana de cada grupo de números.

PRESTA ATENCIÓN

Al ordenar los datos, escribe todos los números aunque se repitan.

- 5, 8, 6
- 2, 9, 18, 2, 15
- 7, 3, 4, 2, 3, 4, 9
- 10, 14, 7, 15
- 20, 30, 60, 20, 50, 60
- 8, 5, 6, 10, 12, 5, 10, 11

2 Piensa y escribe.

- Cinco números cuya mediana sea 10.
- Seis números cuya mediana sea 8.

3 Resuelve.

- Begoña ha comprado 5 camisetas para sus sobrinos, de las tallas 3, 4, 5, 8 y 10 años.
¿Cuál es la media de estas tallas? ¿Y la mediana?
- Carlos tiene en el jardín 4 cubos llenos de agua, de 25 ℓ, 16 ℓ, 32 ℓ y 27 ℓ de capacidad.
¿Cuál es la media de estas capacidades? ¿Y la mediana?

Rango

Daniel está estudiando cómo varía la temperatura a lo largo del día en dos pueblos.

Temperaturas (en °C)

Marazul ▶ 11 13 14 15 13 12

Campol ▶ 8 11 17 18 14 10

- Calcula la temperatura media de cada pueblo.

  Marazul ▶ $\frac{11 + 13 + 14 + 15 + 13 + 12}{6} = 13$

  Campol ▶ $\frac{8 + 11 + 17 + 18 + 14 + 10}{6} = 13$

  La temperatura media es igual en los dos pueblos.

- Después, calcula el **rango** de los datos de cada pueblo.
  El rango es la diferencia del dato mayor y el menor.

Marazul

El dato mayor es 15 y el menor es 11.

15 − 11 = 4 ▶ El rango es 4.

Las temperaturas no varían mucho: los datos están próximos a la media.

Campol

El dato mayor es 18 y el menor es 8.

18 − 8 = 10 ▶ El rango es 10.

Las temperaturas varían bastante: algunos datos están lejos de la media.

El rango da idea de la proximidad de los datos a la media. Se calcula restando el dato menor al dato mayor.

1 Calcula la media y el rango de cada grupo de datos.

- 12, 20, 5, 7
- 15, 9, 16, 24
- 8, 10, 7, 8, 7
- 7, 5, 13, 5, 5
- 7, 9, 5, 9, 7, 11
- 12, 9, 20, 14, 20, 15

2 Resuelve.

Alicia ha anotado los minutos que tardan en llegar los autobuses de dos líneas para ver cuál de las dos funciona mejor.

- ¿Cuál ha sido el tiempo medio de espera en cada línea? ¿Y el rango de los tiempos de espera?
- ¿En qué línea ha variado más el tiempo de espera de unos autobuses a otros? ¿En cuál el rango es mayor?

Minutos de espera	
Línea *A*	Línea *B*
5	3
8	4
6	14
6	7
5	2

CREATIVIDAD

Piensa y escribe dos conjuntos de datos diferentes.

- Con la misma media y rango.
- Con la misma moda y rango.
- Con el mismo rango y mediana.

Probabilidad

Estrella tiene un dado y lo lanza.
¿Cuál es la probabilidad de que el número obtenido sea menor que 5?

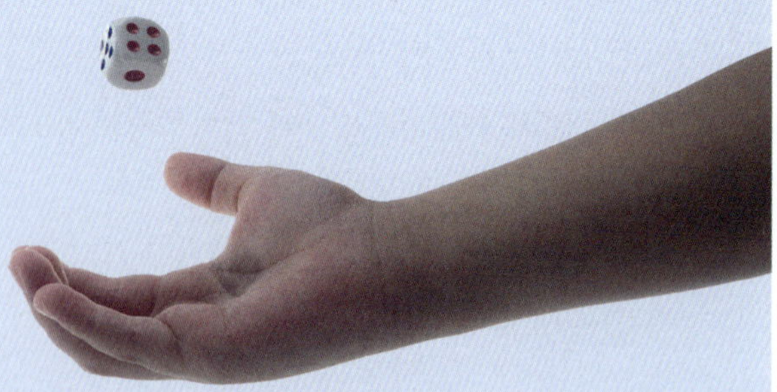

El resultado al lanzar un dado depende del azar. No podemos saber qué resultado concreto saldrá, pero sí saber, para cada resultado, la probabilidad de que ocurra.

La **probabilidad** es el cociente entre el número de casos favorables y el número de casos posibles.

Casos favorables: 1, 2, 3, 4

Casos posibles: 1, 2, 3, 4, 5, 6

Probabilidad de sacar un número menor que 5 ▸ $\frac{4}{6}$ ← Casos menores que 5 / ← Casos posibles

La probabilidad de sacar un número menor que 5 es $\frac{4}{6}$.

1 **Calcula y escribe para cada caso la probabilidad correspondiente. Después, contesta.**

Manuel saca una fruta al azar de la bolsa.

- Sacar una manzana roja.
- Sacar una naranja.
- Sacar una pera.
- Sacar una manzana.
- Sacar una fruta de color verde.

¿Qué fruta es más probable obtener: manzana, naranja o pera? ¿Cuál es la menos probable?

2 **Calca en tu cuaderno y colorea para que todas las oraciones sean ciertas.**

- Hay bolas verdes, azules y rojas.
- La probabilidad de sacar bola verde y azul es la misma.
- Sacar bola roja es lo menos probable.

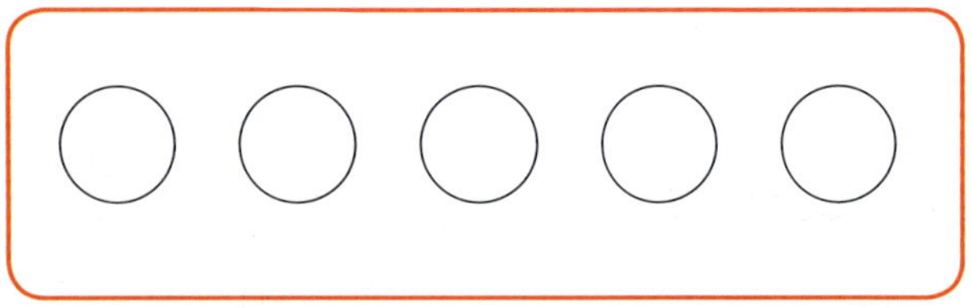

- Hay bolas verdes, azules y rojas.
- La probabilidad de sacar bola roja es mayor que un medio.
- Sacar bola verde es el doble de probable que sacar bola azul.

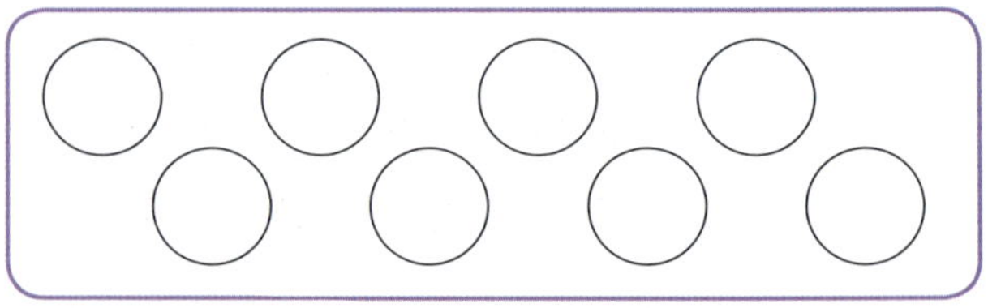

Juega con la probabilidad

Material: Baraja de tarjetas numéricas, dos fichas del mismo color para cada jugador, lápiz y papel.

Número de jugadores: 4

Reglas del juego:

Se dibuja en una hoja de papel un tablero como este.

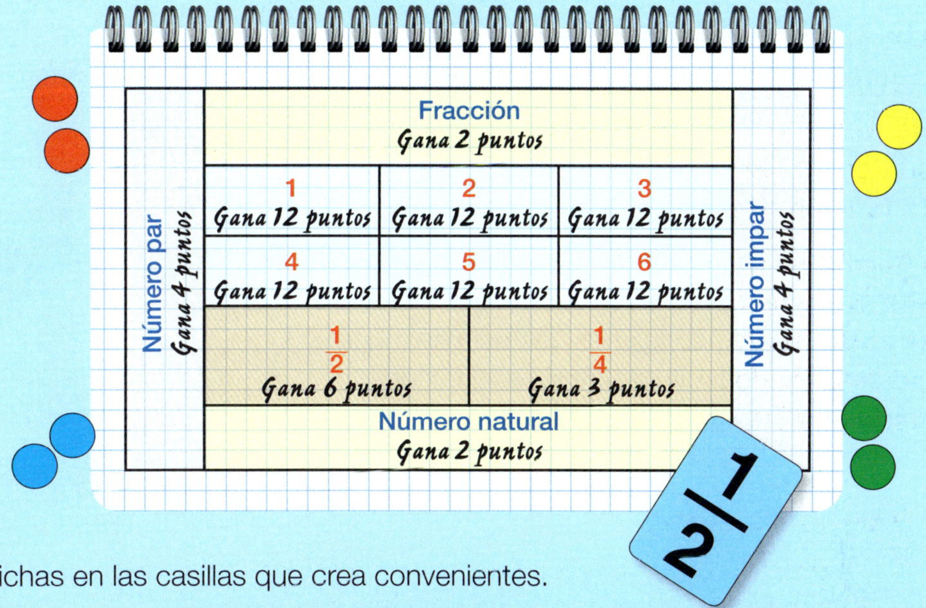

De las tarjetas numéricas, se eliminan las del 0, 7, 8 y 9 y todas las de $\frac{1}{6}$.

Cada participante coloca sus fichas en las casillas que crea convenientes.

Por turnos, cada participante levanta una tarjeta. Quienes tengan fichas en las casillas ganadoras reciben los puntos que figuran en el tablero.

Ganador: Gana quien consiga primero 36 puntos.

1. Lidia ha colocado sus fichas en las casillas 5 y Número impar. Ha salido la tarjeta 3. ¿Cuántos puntos recibe?

Retos matemáticos

Paquetes y regalos

Tenía 3 paquetes con distintos regalos para mis amigas. En cada paquete había puesto sus direcciones y me faltaba meter los regalos.

Me puse a recordar lo que había vivido con cada una de ellas y... me equivoqué al meter los regalos en los paquetes.

¿Cuántos regalos como máximo he podido meter correctamente?

Solución de problemas

Determinar varias soluciones a un problema

En un banco de alimentos han recogido 2.500 kg de comida. Un porcentaje lo han aportado supermercados. ¿Qué porcentaje ha aportado la ciudadanía? ¿Cuántos kilos de comida han aportado los supermercados?

- El problema tiene muchas soluciones posibles. Puedes dar un valor al porcentaje aportado por la ciudadanía. Supongamos que es mayor que el porcentaje aportado por los supermercados, es decir, debe ser mayor del 50 %. Con ese valor halla después la solución.

  Porcentaje aportado por la ciudadanía: 80 %.

  80% de 2.500 = 2.000

  2.500 − 2.000 = 500

  Solución: Los supermercados han aportado 500 kg.

  Da tú otro valor al porcentaje de la ciudadanía y halla la nueva solución.

Halla dos soluciones para cada problema.

1. En una ruta de senderismo hubo 120 personas. Un quinto eran personas mayores, y del resto había más adultos que jóvenes. ¿Cuántos adultos más que jóvenes hubo?

2. Miguel tenía 250 €. Gastó un 60 % en comprar una cafetera y una batidora, y el resto lo usó para comprar una bicicleta. ¿Cuánto gastó en la cafetera menos que en la bicicleta?

3. Laura es mayor que su hermano Raúl. Dentro de 5 años, las edades de los dos sumarán 37 años. ¿Cuántos años es mayor Laura que Raúl?

4. Los dos tercios de las fotos hechas por Marisa eran de animales y el resto de plantas. De las fotos de animales, la mayoría eran fotos de aves y el resto de anfibios. Si Marisa hizo 120 fotos, ¿cuántas fotos de aves más que de plantas hizo?

5. Una página web tuvo 5.000 visitas. Menos de la mitad fueron de Europa, 1.000 personas más fueron de América y el resto de Asia. ¿Cuántas visitas tuvo de América más que de Asia?

1 Descompón cada número y escribe cómo se lee.
- 7.890.054
- 216.083.920
- 34.502.006
- 604.700.041

2 Calcula.
- 2^7
- 3^5
- 10^4
- $\sqrt{49}$
- $\sqrt{81}$

3 Calcula.
- m.c.m. (5 y 7)
- m.c.d. (8 y 10)
- m.c.m. (10 y 12)
- m.c.d. (15 y 20)

4 Escribe con cifras.
- Cinco octavos.
- Siete décimas.
- Doce veinteavos.
- Nueve milésimas.
- Seis unidades y quince centésimas.
- Diez unidades y ciento dos milésimas.

5 Calcula.
- $\frac{7}{12} + \frac{4}{15}$
- $\frac{8}{9} - \frac{5}{18}$
- $\frac{3}{4} \times \frac{6}{7}$
- $\frac{9}{10} : \frac{2}{6}$

6 Calcula.
- 8,54 × 26
- 9,12 : 8
- 73 × 9,06
- 345 : 4,6
- 35,7 × 8,5
- 61,36 : 5,9

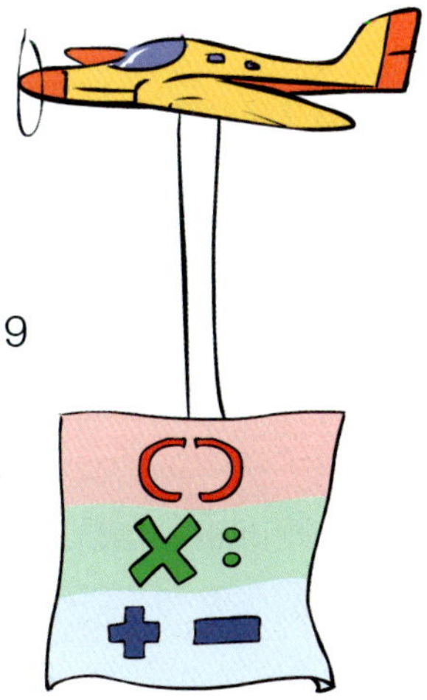

7 Calcula.
- 3,5 × (25,7 − 8,46)
- 21,95 + 9,01 : 5,3
- 702 : 6,5 − 14,93 × 0,8

8 Completa en tu cuaderno las siguientes igualdades.

$0{,}6\ dam^2 = \ldots\ m^2$

$9{,}23\ m^3 = \ldots\ dm^3$

$5\ dm^2 = \ldots\ mm^2$

$48\ dm^3 = \ldots\ cm^3$

$2.470\ cm^2 = \ldots\ m^2$

$150\ dm^3 = \ldots\ m^3$

9 Calcula.
- El área de un círculo de 20 cm de diámetro.
- El volumen de un cilindro de radio 10 cm y altura 20 cm.

Problemas

10 En una piscina de bolas hay diez mil bolas. Cada una tiene 8 cm de diámetro. ¿Qué volumen tienen en total? ¿Es mayor o menor que el de una bola de 5 m de diámetro?

11 Jaime pagó en una tienda 7,65 € por 4,5 kg de patatas y 10,72 € por 8 kg de cebollas. ¿Cuánto habría pagado en total por 10 kg de patatas y 9 kg de cebollas?

12 Un televisor que costaba 400 € incrementó su precio un 10 %. Después, el nuevo precio se redujo en un 10 %. ¿Cuánto costaba el televisor al final? ¿Es cierto que el precio final era un 99 % del inicial?

13 En un laboratorio han recibido 4 bolsas de 2 hg y 5 dag de un compuesto. Necesitan 0,7 kg y 20 g para un experimento. ¿Cuántos miligramos les sobrarán tras el experimento?

14 En un mapa la distancia entre dos ciudades es 8,5 cm. La escala del mapa es 1 : 400.000. ¿Qué distancia las separa en la realidad? Dos ciudades separadas por 16 km, ¿a qué distancia estarán en el mapa?

Decoramos nuestra habitación

Parada de tres minutos

1. Organizad la clase en equipos de cinco personas.

2. En equipo, leed el texto, observad la ilustración y fijaos en los datos que encontraréis en ella.

Hemos decidido redecorar nuestra habitación, y para ello necesitamos tener en cuenta algunas medidas. Así que preparamos nuestra cinta métrica, hacemos una fotografía de la estancia y anotamos los datos más importantes.

3. Después, leed conjuntamente las instrucciones que tenéis que seguir.
   - Leed el primer ejercicio y, durante tres minutos, concentraos en anotar todas las dudas que el enunciado os sugiera. Pensad cómo deberíais proceder para resolverlo, sin empezar.
   - A la indicación del profesor o la profesora, designad un portavoz para expresar en voz alta las dudas del equipo. Los demás, si es necesario, os ayudarán a resolverlas. Finalmente, comentad la estrategia que seguiríais para realizar el ejercicio.
   - Repetid estas pautas para cada uno de los ejercicios, eligiendo a un compañero o compañera diferente como portavoz de cada ejercicio.

EJERCICIOS

1. La habitación mide 3,2 m de ancho, 2,5 m de alto y 2,5 m de fondo. ¿Qué proporción del volumen de la habitación, expresada en un porcentaje, está ocupado por muebles?

2. Si queréis poner dos cajas iguales para guardar ropa de fuera de temporada encima del armario, ¿qué medidas debería tener como máximo cada una y cuál sería su volumen?

3. Decoraremos la pared del fondo con 18 fotografías, siendo siete de 20 cm × 30 cm, seis de 30 cm × 40 cm y cinco de 20 cm × 20 cm. Además, hay un espejo redondo de 30 cm de diámetro. Teniendo en cuenta que el armario se apoya sobre esa pared, ¿qué superficie de la pared quedará libre?

4. Entre las fotografías que habéis mandado a revelar hay 4 de las vacaciones, 6 de cuando erais pequeños, 5 de familiares y 3 de los deportes que practicáis. En el laboratorio os han avisado de que hay un archivo dañado y que, si no se soluciona el problema, no se podrá imprimir la foto de ese archivo. ¿Qué probabilidad hay de que sea una foto de las vacaciones? ¿Y de los demás temas?

5. Al final se soluciona el problema y recogéis las 18 fotografías. Al ir a pagar, el encargado os recuerda que cada 10 cm^2 de impresión en color cuesta 2 céntimos, sin incluir el IVA. Hay una oferta especial, esta semana, para fotos cuadradas: un descuento del 15 %, antes de aplicar el IVA. ¿Cuánto cuestan todas las fotografías si el IVA que se aplica es del 21 %?

4. Al terminar, resolved cada ejercicio en una hoja, en equipo, recordando los aspectos que se han comentado.

5. **TIEMPO PARA HABLAR.** Por último, elegid cada equipo uno de los ejercicios y mostrad la resolución al resto de equipos, explicándoles las estrategias que habéis utilizado.

¿CÓMO LO HEMOS HECHO?

Responde en tu cuaderno.

- ¿Nos hemos puesto de acuerdo en las dudas que debíamos consultar?
- ¿Hemos anotado las dudas en el tiempo previsto?
- ¿Hemos resuelto los ejercicios en común teniendo en cuenta las aportaciones de los demás y del profesor o la profesora?

Pon una nota a tu trabajo en equipo.

REPASO FINAL

1 **Escribe cómo se lee.**

- 5.099.204
- 28.902.113
- 675.000.870
- 903.070.015
- $\frac{15}{4}$
- $\frac{6}{12}$
- 24,016
- 305,607

2 **Escribe con cifras.**

- Treinta y dos millones doce mil.
- Cuatrocientos millones ochocientos mil uno.
- Dieciséis doceavos.
- Ocho veinteavos.
- Tres unidades y doce milésimas.

3 **Aproxima cada número al orden indicado.**

- A las centenas de millar: 387.915; 4.678.113.
- A los millones: 6.600.129; 13.299.999.
- A las unidades: 4,76; 13,292; 309,714.
- A las décimas: 9,28; 37,386; 426,098.

4 **Compara en tu cuaderno. Coloca el signo adecuado.**

- 35.090.126 ◯ 35.100.032
- 176.234.892 ◯ 176.240.625
- $\frac{5}{4}$ ◯ $\frac{6}{5}$
- $\frac{4}{5}$ ◯ $\frac{5}{8}$
- 1,86 ◯ 1,9
- 2,134 ◯ 2,134
- −3 ◯ −9
- −4 ◯ +1

5 **Dibuja unos ejes cartesianos y representa estos puntos.**

- *A* (−3, +2)
- *B* (−5, −4)
- *C* (+1, +3)
- *D* (+ 2, −5)
- *E* (−3, 0)
- *F* (0, +5)

¿Podías saber, antes de representarlos, qué puntos estaban sobre los ejes? Explica cómo es posible.

6 **Ordena cada grupo de números de menor a mayor.**

- $\frac{14}{8}$ 1,8 $\frac{12}{5}$ 2
- 3,4 $3\frac{2}{5}$ $\frac{16}{5}$ $\frac{33}{10}$
- 4,52 $\frac{451}{100}$ 4,6 $\frac{4.508}{1.000}$

7 **Calcula.**

- 78.999 + 16.741
- 84.006 − 9.878
- 1.235 × 349
- 6.127 × 890
- 65.117 : 704
- 86.450 : 934
- 9 × (5 − 4)
- 18 − 9 : 3
- 20 : 5 − (8 − 4)
- (9 + 6) × 2 − 13
- 12 : 6 + 3 × 5
- 20 − 2 × (8 : 2)

8 **Halla estas potencias y raíces.**

- 7^4
- 8^5
- 10^7
- 9^3
- 1^9
- 5^6
- $\sqrt{16}$
- $\sqrt{25}$
- $\sqrt{100}$
- $\sqrt{49}$
- $\sqrt{81}$
- $\sqrt{36}$

9 Halla.

- Tres múltiplos de 9.
- Todos los divisores de 24.
- m.c.m. (8 y 20)
- m.c.d. (10 y 9)
- m.c.m. (6, 10 y 5)
- m.c.d. (20, 12 y 16)

10 Opera con fracciones.

- $\frac{4}{7} + \frac{2}{9}$
- $\frac{15}{4} - \frac{8}{6}$
- $\frac{5}{2} \times \frac{3}{7}$
- $\frac{11}{3} : \frac{4}{6}$
- $\frac{21}{2} - \frac{5}{4} : \frac{2}{3}$
- $\frac{6}{11} + 2$
- $\frac{30}{8} - 3$
- $\frac{9}{5} \times 2$
- $\frac{21}{5} : 2$
- $\frac{20}{3} - \left(\frac{3}{8} : 4\right) \times \frac{2}{5}$

11 Calcula.

- 3,099 + 2,76
- 7,8 − 2,195
- 4,76 × 2,94
- 28,2 : 3
- 185 : 2,5
- 10,927: 4,9
- 3,8 × 1,9 − 2 : 0,4 + 2
- 1,8 : (8,468 − 3,2 × 2,64)
- 8,9 × 1,023 − 11,78 : 6,2

12 Divide, obteniendo en el cociente las cifras decimales indicadas.

2 cifras
- 27,13 : 9,2
- 85,4 : 17,6

3 cifras
- 3,45 : 0,127
- 19,4 : 2,6

13 Completa en tu cuaderno cada cambio de unidad.

- 0,091 km = … dm
- 135.000 cm = … hm
- 9.700 dm = … dam

- 0,12 dal = … ml
- 250.000 cl = … kl
- 1,32 kl = … dl

- 0,075 t = … kg
- 37.000 mg = … dag
- 241.000 dg = … kg

- 7.200 s = … min = … h
- 4 h y 5 min = … s
- 30.000" = …°, …' y …"

- 45.000 cm^2 = … m^2
- 0,08 dam^2 = … cm^2
- 3,7 ha = … m^2

- 30.000 dm^3 = … m^3
- 0,07 m^3 = … kl
- 4.000.000 cm^3 = … ℓ

14 Ordena cada grupo de medidas de mayor a menor.

- 9.084 cm 0,0087 km 9 m 910 dm
- 2,6 dal 0,27 hl 256 ℓ 2.600 dl 25.800 cl
- 890.000 mg 88 kg 871 hg 91 dag
- 30.000 s 4 h y 7 min 210 min 4 h y 500 s
- 0,09 ha 1.100 m^2 1.300.000 cm^2 12 dam^2
- 475 ℓ 480 dm^3 479.000 cm^3 481.000 ml

REPASO FINAL

15 Completa la tabla de proporcionalidad.

× …

3		7		9	
21	14		35		28

: …

16 Calcula.

- 30 % de 900
- 28 % de 450
- 5 % de 1.400
- 12 % de 2.500

17 Observa cada escala y contesta.

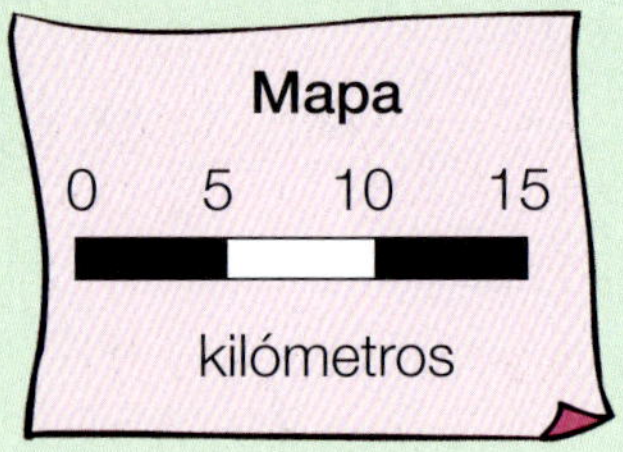

- ¿Cuántos centímetros en la realidad representa 1 cm en el plano?
- ¿Cuántos kilómetros en la realidad representa 1 cm en el mapa?
- ¿Qué distancia real representan 5 cm en el plano y en el mapa?

18 Halla el área de estas figuras planas.

- Un rectángulo de base 3 cm y altura 2,5 cm.
- Un romboide de base 8 cm y altura 4 cm.
- Un triángulo de base 15 cm y altura 10 cm.
- Un hexágono regular de lado 9 cm y apotema 7,8 cm.
- Un círculo de diámetro 24 cm.
- Un cuadrado de lado 6 cm.
- Un círculo de radio 7 cm.
- Un cuadrado de altura 12 cm.

19 Clasifica cada cuerpo geométrico.

20 Calcula el volumen de cada cuerpo geométrico.

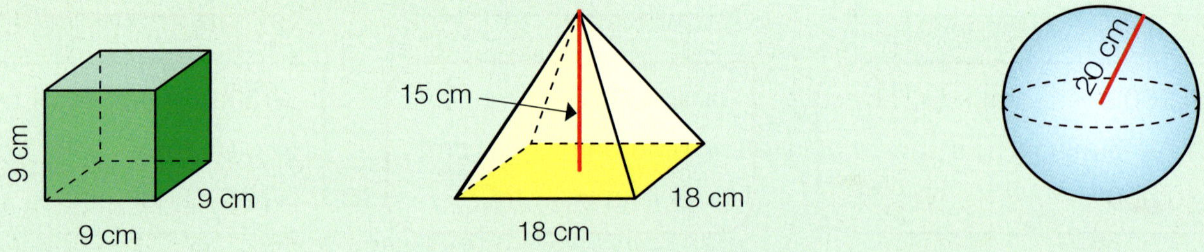

21 Calcula la media, la mediana, la moda y el rango de cada grupo de números.

- 18, 12, 22, 14, 22, 14
- 13, 15, 13, 15, 11, 11, 15, 11
- 17, 19, 17, 19, 14, 19, 14
- 4, 3, 4, 8, 5, 9, 1, 8, 3

22 Halla cada probabilidad al elegir al azar un número del 1 al 30.

- Que sea impar.
- Que sea par y múltiplo de 6.
- Que sea mayor de 20 o divisor de 10.
- Que no sea par ni múltiplo de 3.

Problemas

23 Resuelve.

- En el parque hay 800 árboles. Dos quintos son chopos, un 30 % pinos y el resto fresnos. ¿Cuántos fresnos hay?
- El año pasado cortarse el pelo costaba 20 €. Este año ha bajado un 3 %. ¿Cuánto cuesta cortarse el pelo este año?
- Un lote de 7 cámaras fotográficas iguales cuesta 527,45 €. ¿Cuánto costarán 14 cámaras? ¿Y 9 cámaras?
- Marta necesita preparar 40 círculos iguales de 10 cm de diámetro cada uno.
  - ¿Cuánto papel necesita para cada uno?
  - ¿Cuánto papel necesita en total?
  - Para recortar los círculos, utiliza un trozo de cartulina de 50 dm^2. ¿Cuánta cartulina le sobra?
- En el mapa de Leonor, 5 cm representan 15 km en la realidad. ¿Qué dimensiones tiene en él una parcela de 3 km de largo y 24 km de ancho?
- Sonia compró 12,5 kg de manzanas por 17 € y Pablo compró 10 kg por 14 €. ¿Cuál obtuvo un mejor precio por kilo?
- El sueldo de Alejandro en 2016 era 1.700 € al mes. En 2017 aumentó un 2 % y en 2018 aumentó un 1 %. ¿Cuánto cobraba al mes en 2018? ¿Cobraba un 3 % más que en 2016?
- Un examen constaba de dos partes. En la primera, Tania tardó 1 h y 28 min, y en la segunda tardó 39 min y 40 s menos que en la primera. ¿Cuánto tardó en la segunda parte? ¿Y en total?

- En una parcela de 90.000 m^2 se reservarán 2 parcelas rectangulares de 3 hm de largo y 40 m de ancho para zonas verdes. ¿Qué área quedará para otros usos?
- Un depósito esférico de 6 m de diámetro está lleno por la mitad de zumo. Se va a envasar el zumo en envases de 200 ml cada uno. ¿Cuántos envases se podrán llenar?
- Marisa tiene anotado el número de clientes que visitó un restaurante las dos pasadas semanas. Hubo 30 visitantes en 5 días, 28 visitantes en 2 días, 24 visitantes en 2 días y 22 visitantes en 5 días. ¿Cuál fue la media de clientes por día? ¿Y la mediana? ¿Y el rango?

Saber más

- **Unidades de información**
- **Polígonos cóncavos y convexos**
- **Mediatriz de un segmento**
- **Bisectriz de un ángulo**
- **Áreas de prismas y pirámides**
- **Áreas de cuerpos redondos**

Unidades de información

La **capacidad de almacenamiento** de la información en los dispositivos electrónicos (teléfonos móviles, ordenadores, tarjetas de memoria…) se mide utilizando las unidades de información.

Estas unidades nos indican la cantidad de información que se puede almacenar o que hay en un cierto momento en ese dispositivo.

La unidad más pequeña es el bit, aunque la más utilizada es el byte, que son 8 bits. En esta tabla tienes las unidades de información más comunes, sus símbolos y equivalencias.

Unidad	Valor
Byte	8 bits
Kilobyte (kB)	10^3 bytes
Megabyte (MB)	10^6 bytes
Gigabyte (GB)	10^9 bytes
Terabyte (TB)	10^{12} bytes

1. Piensa y calcula.
   - ¿A cuántos bits equivale un kilobyte? ¿Y un megabyte?
   - ¿A cuántos megabytes equivale un gigabyte? ¿Y kilobytes?
   - ¿A cuántos gigabytes y megabytes equivale un terabyte?

2. Ordena las siguientes capacidades de almacenamiento de menor a mayor.

   12.000 kB — 3,5 GB — 0,00004 TB — 25.000.000 kB — 200 MB — 0,002 GB — 8.000 MB

3. Resuelve.
   - Las fotos que hace un teléfono móvil ocupan 8 MB cada una. Sara tiene en su teléfono una tarjeta de memoria de 64 GB. ¿Cuántas fotos podrá almacenar en la tarjeta?
   - Míriam compone música y ha comprado un disco duro de 2 TB de capacidad para guardar todas sus canciones. Si cada una ocupa 5 MB, ¿cuántas canciones podrá guardar?
   - Mónica descarga un archivo a una velocidad de 4 MB cada segundo. Si el archivo ocupa 10 GB, ¿cuántos segundos tardará en descargarlo por completo?

Polígonos cóncavos y convexos

Los ángulos, interiores al polígono, que se forman al cortarse dos lados de un polígono se llaman **ángulos interiores**.

Un polígono que tiene todos sus ángulos interiores menores de 180° se llama **polígono convexo**. Si alguno de sus ángulos es mayor de 180°, se llama **polígono cóncavo**.

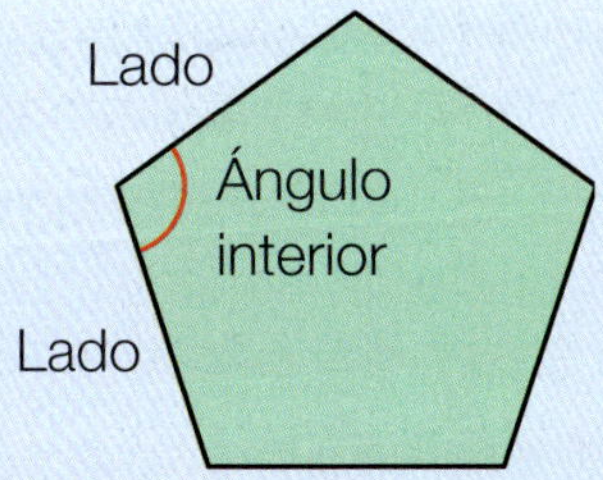

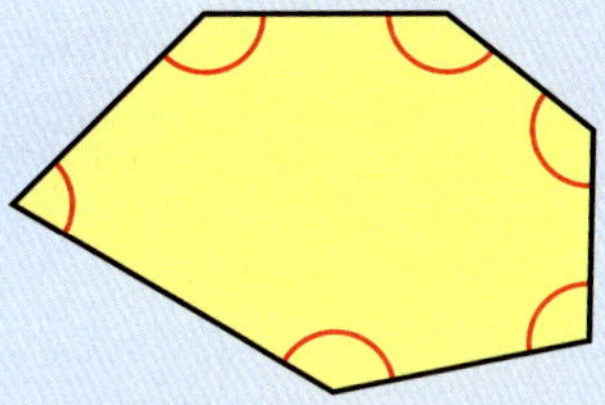

Polígono convexo
Ángulos menores de 180°.

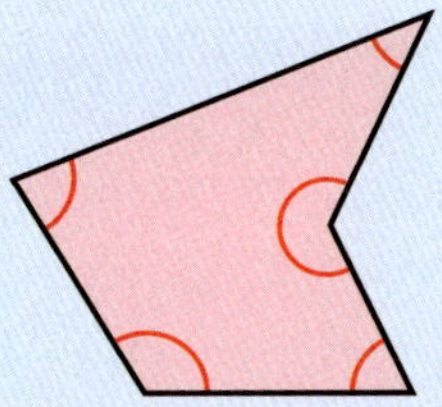

Polígono cóncavo
Algún ángulo mayor de 180°.

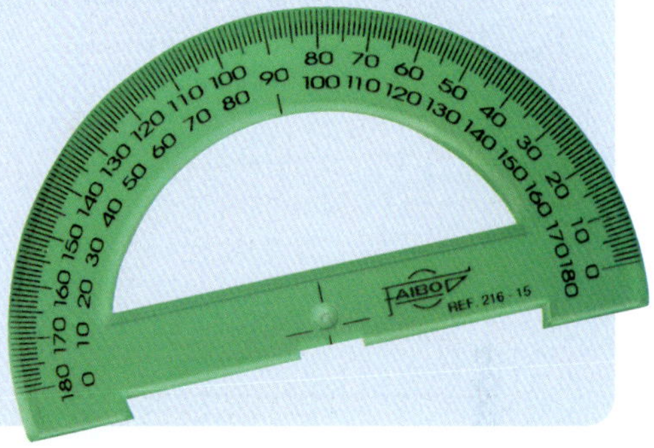

1 Clasifica cada polígono en cóncavo o convexo.

2 Piensa y dibuja en tu cuaderno.

- Un cuadrilátero cóncavo y otro convexo.
- Un polígono cóncavo con dos ángulos mayores de 180°.
- Dos hexágonos convexos diferentes.
- Un polígono cóncavo que tenga dos ejes de simetría.

3 Escribe *verdadero* o *falso* y justifica tu respuesta.

- Es posible dividir un polígono cóncavo en polígonos convexos.
- Un polígono regular puede ser cóncavo.
- Es posible dibujar un triángulo cóncavo.

4 Construye en tu cuaderno los siguientes polígonos, utilizando las figuras de la cuadrícula.

- Un cuadrilátero convexo con dos triángulos.
- Un cuadrilátero cóncavo con dos triángulos.
- Un hexágono cóncavo con dos cuadriláteros.

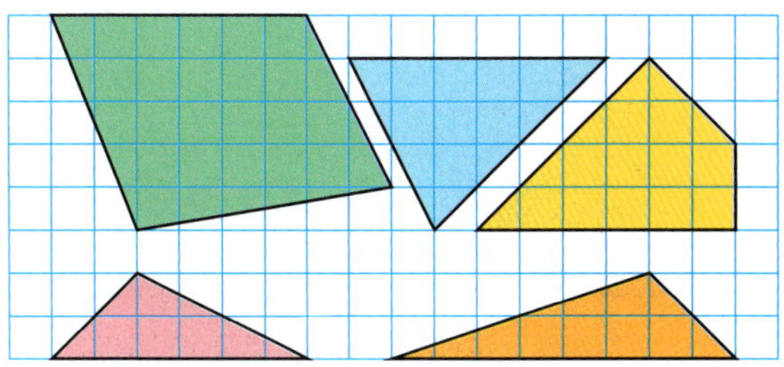

Mediatriz de un segmento

La **mediatriz de un segmento** es la recta perpendicular a ese segmento que pasa por su punto medio.

La mediatriz divide el segmento en dos partes iguales. Cualquier punto de la mediatriz está a la misma distancia de los dos extremos del segmento.

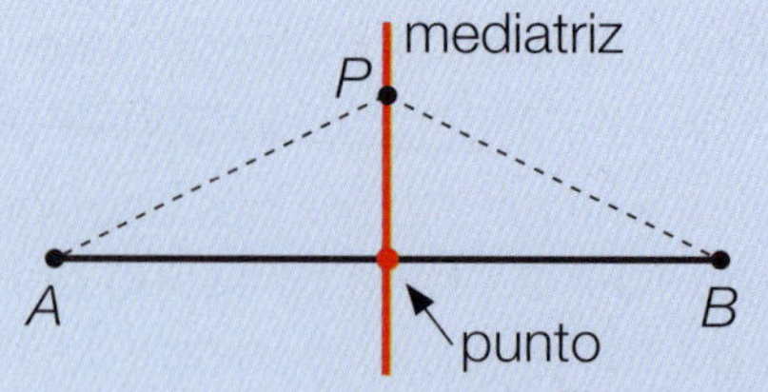

Para dibujar la mediatriz sigue estos pasos:

1.º Abre el compás con una abertura mayor que la mitad del segmento *AB* y traza un arco con centro en *A*.

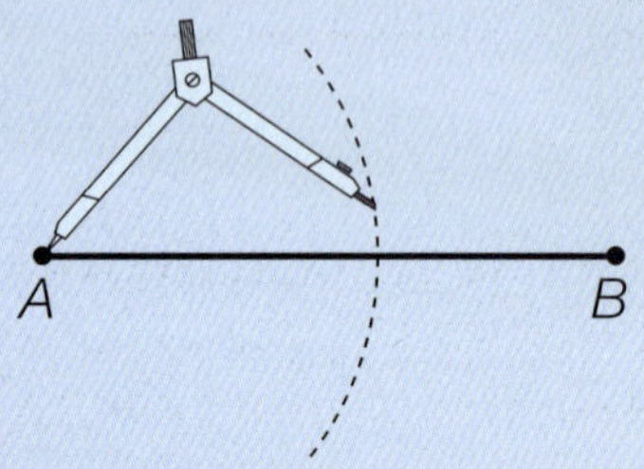

2.º Con la misma abertura, traza un arco con centro en *B*. Los dos arcos se cortan en los puntos *C* y *D*.

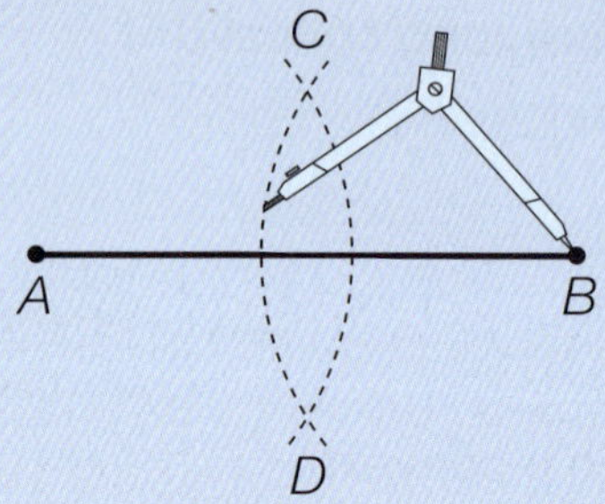

3.º Traza con la regla la recta que pasa por los puntos *C* y *D*. Esta recta es la mediatriz del segmento *AB*.

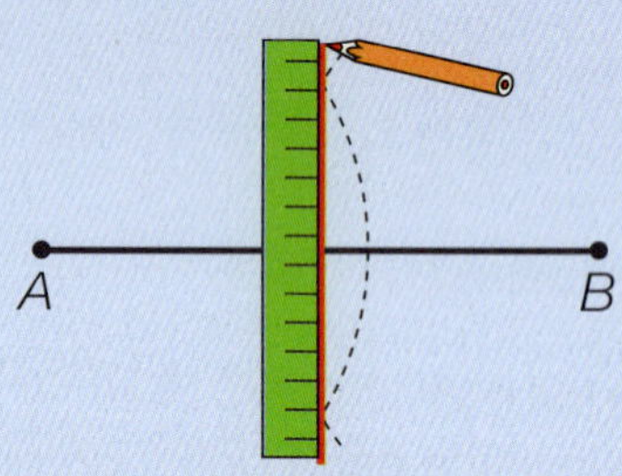

1 Dibuja un segmento de 8 cm, traza su mediatriz y comprueba que cada punto de ella está a la misma distancia de los dos extremos.

2 Calca estas figuras y traza las mediatrices de sus lados.

- ¿Qué observas?

3 Dibuja y contesta.

1.º Traza un segmento y su mediatriz.

2.º Pincha el compás en un punto de la mediatriz y, con radio la distancia de ese punto a uno de los extremos, traza una circunferencia.

3.º Elige otro punto de la mediatriz distinto, que puede estar al otro lado del segmento, y repite el proceso, trazando otra circunferencia.

- ¿Qué tienen en común estas circunferencias? ¿Puedes dibujar más?
- ¿Cuántas circunferencias pasan por dos puntos cualesquiera?

Bisectriz de un ángulo

La **bisectriz de un ángulo** es la semirrecta que pasa por su vértice y lo divide en dos ángulos iguales.

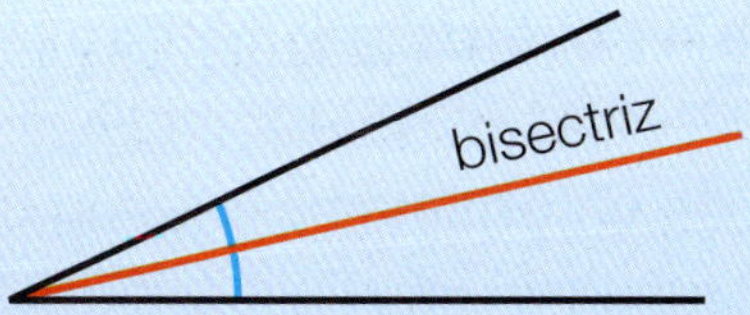

Para dibujar la bisectriz sigue estos pasos:

1.º Traza con el compás un arco con centro en el vértice del ángulo, *A*. Llama *P* y *Q* a los puntos de corte del arco con los lados del ángulo.

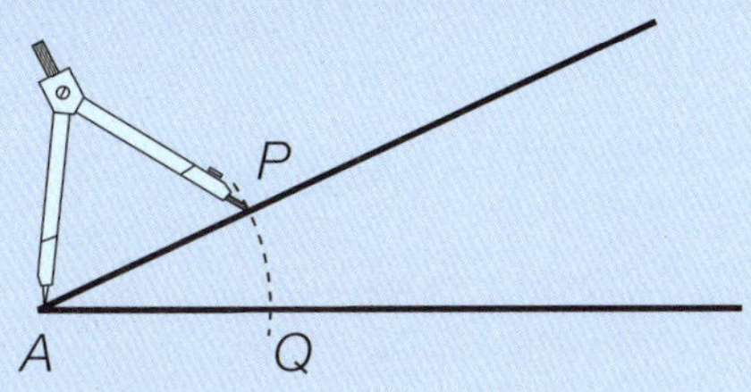

2.º Abre el compás y traza un arco con centro en el punto *P*.

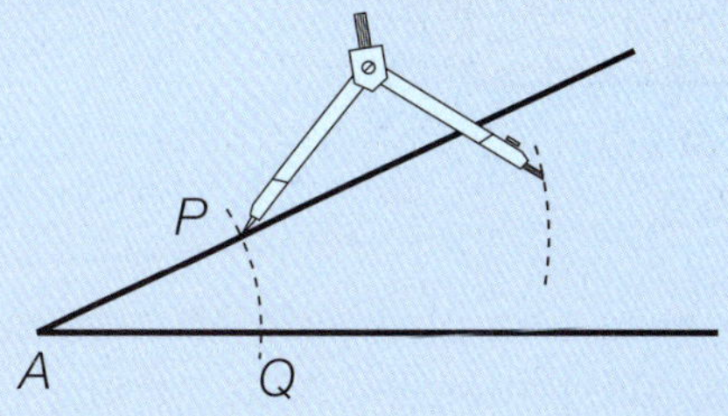

3.º Sin mover la abertura del compás, pincha en *Q* y traza otro arco. Este arco se corta con el arco del paso 2.º en el punto *R*.

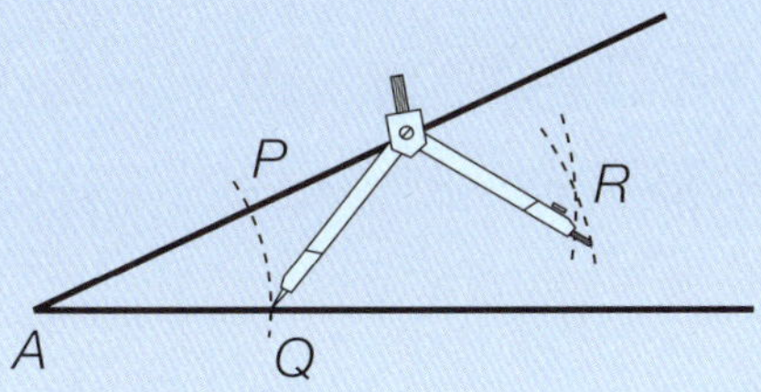

4.º Traza con la regla la semirrecta que pasa por el vértice del ángulo, *A*, y por el punto *R*. Esta semirrecta es la bisectriz del ángulo.

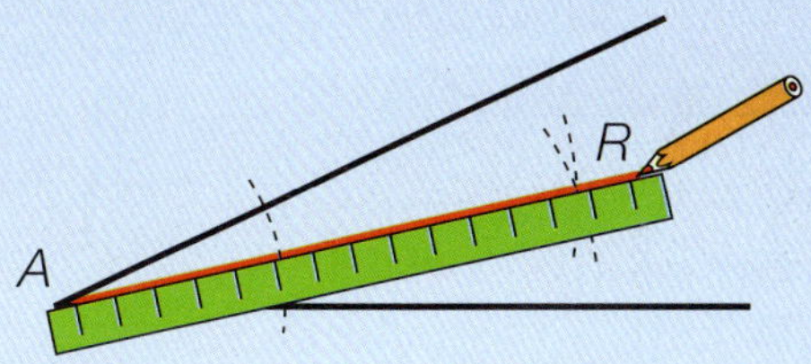

1. Dibuja un ángulo de 80º, traza su bisectriz y mide los dos ángulos que resultan. Comprueba que son iguales.

2. Piensa y contesta. Después, dibuja y comprueba.

   La bisectriz de un ángulo, ¿depende de los arcos trazados en los pasos 1.º y 2.º?

3. Calca estas figuras y traza las bisectrices de sus ángulos.

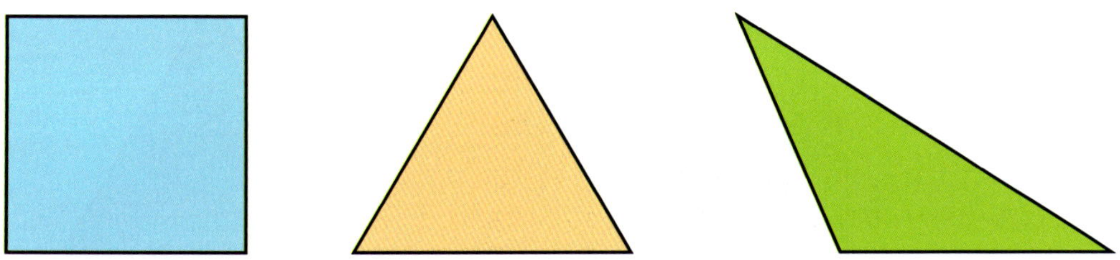

- ¿Qué observas en cada figura?

Áreas de prismas y pirámides

El **área de un cuerpo geométrico** se obtiene sumando las áreas de todas las superficies que lo delimitan.

- El **área de un prisma** es la suma de las áreas de las dos bases (polígonos iguales) más las áreas de las caras laterales (paralelogramos).

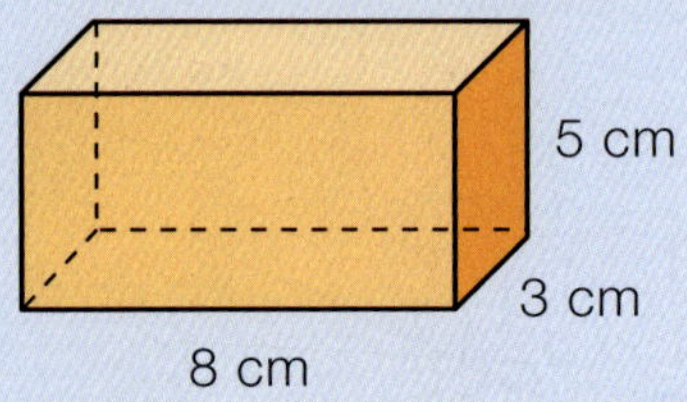

$$A = A_{\text{BASES}} + A_{\text{CARAS LATERALES}}$$

$A_{\text{BASES}} = 2 \times 8\text{ cm} \times 3\text{ cm} = 48\text{ cm}^2$

$A_{\text{C. LATERALES}} = 2 \times 3\text{ cm} \times 5\text{ cm} + 2 \times 8\text{ cm} \times 5\text{ cm} =$
$= 30\text{ cm}^2 + 80\text{ cm}^2 = 110\text{ cm}^2$

$A = 48\text{ cm}^2 + 110\text{ cm}^2 = 158\text{ cm}^2$

- El **área de una pirámide** es la suma del área de su base más las áreas de las caras laterales (triángulos).

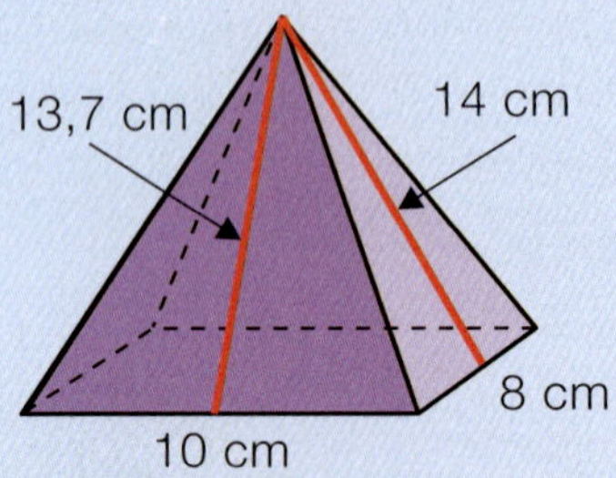

$$A = A_{\text{BASE}} + A_{\text{CARAS LATERALES}}$$

$A_{\text{BASE}} = 10\text{ cm} \times 8\text{ cm} = 80\text{ cm}^2$

$A_{\text{C. LATERALES}} = 2 \times \dfrac{10\text{ cm} \times 13{,}7\text{ cm}}{2} + 2 \times \dfrac{8\text{ cm} \times 14\text{ cm}}{2} =$
$= 137\text{ cm}^2 + 112\text{ cm}^2 = 249\text{ cm}^2$

$A = 80\text{ cm}^2 + 249\text{ cm}^2 = 329\text{ cm}^2$

1 Calcula el área de cada cuerpo geométrico. Fíjate en su desarrollo.

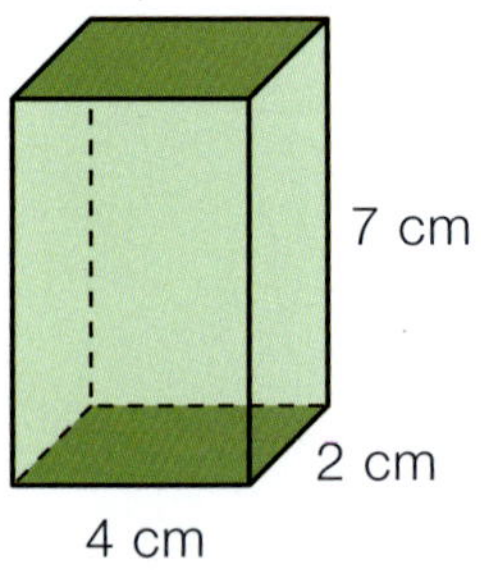

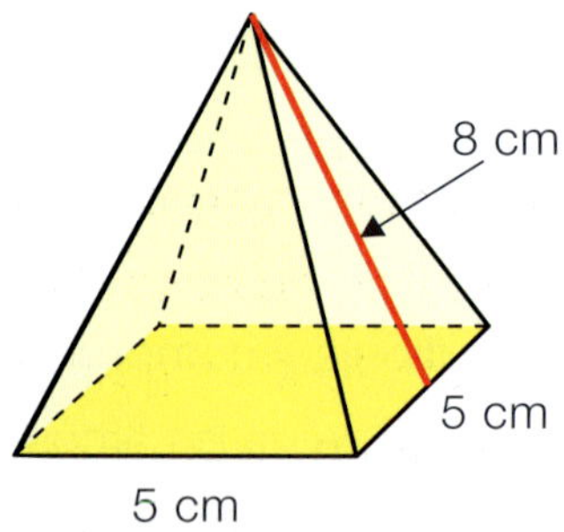

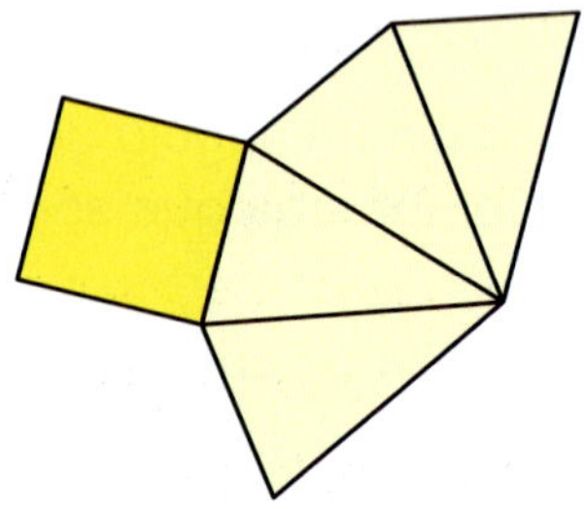

2 Calcula el área de estos cuerpos geométricos.

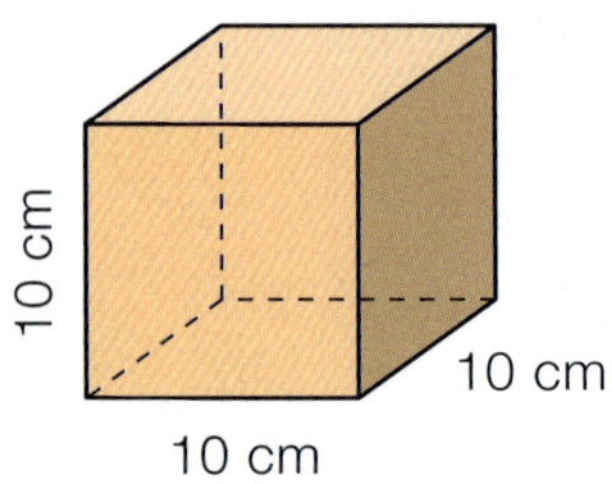

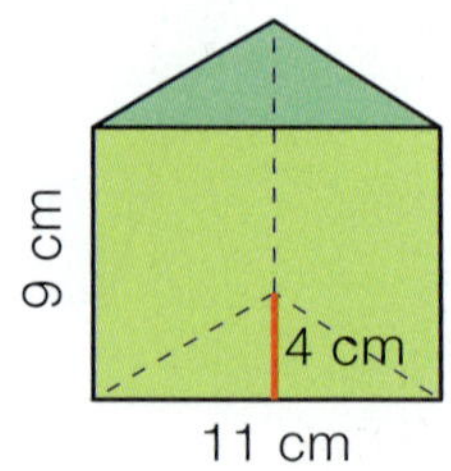

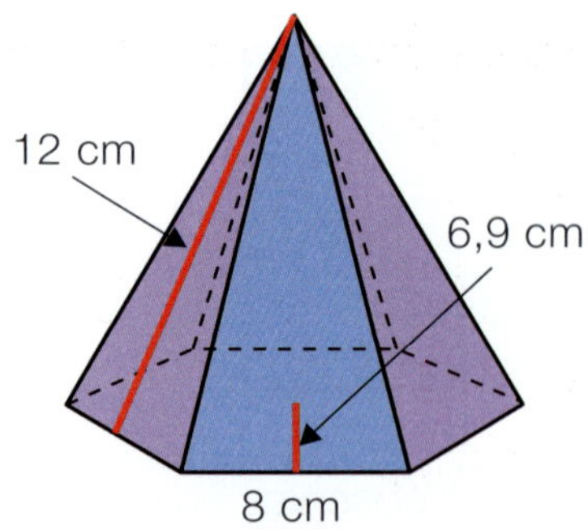

Áreas de cuerpos redondos

El **área de un cuerpo redondo** se obtiene sumando las áreas de las superficies, planas y/o curvas, que lo delimitan.

En todas las fórmulas se usa la longitud del radio (*r*) del cuerpo. En el caso del cilindro se usa también la de su altura (*h*), y en el del cono, la de su generatriz (*g*).

Área del cilindro

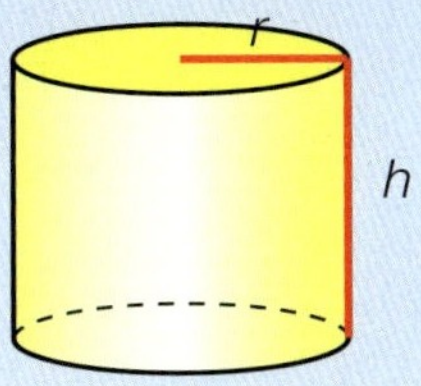

$A = A_{BASES} + A_{SUP.\ CURVA}$

$A = 2 \times \pi \times r^2 + 2 \times \pi \times r \times h$

Área del cono

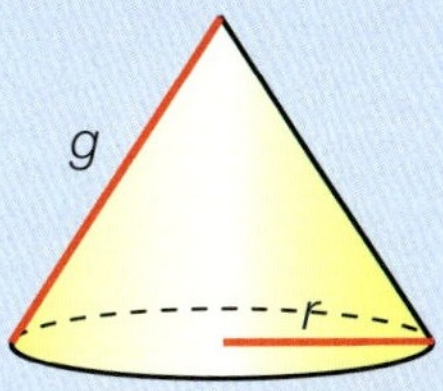

$A = A_{BASE} + A_{SUP.\ CURVA}$

$A = \pi \times r^2 + \pi \times r \times g$

Área de la esfera

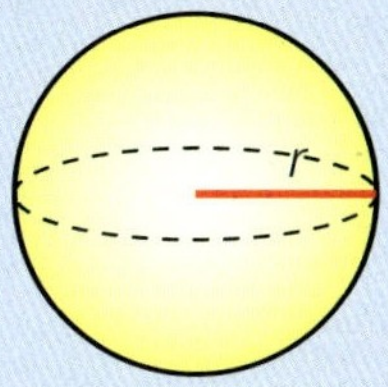

$A = A_{SUP.\ CURVA}$

$A = 4 \times \pi \times r^2$

1 Calcula el área de cada cuerpo redondo. Fíjate en su desarrollo.

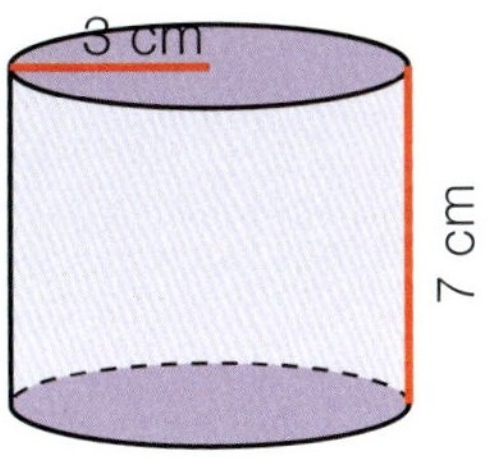

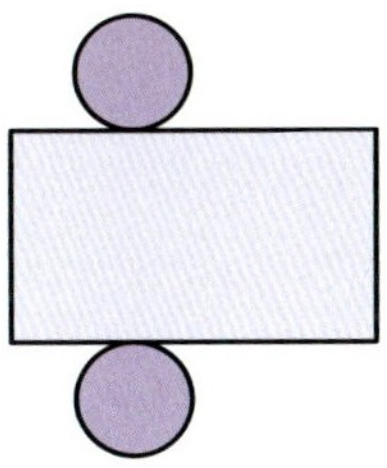

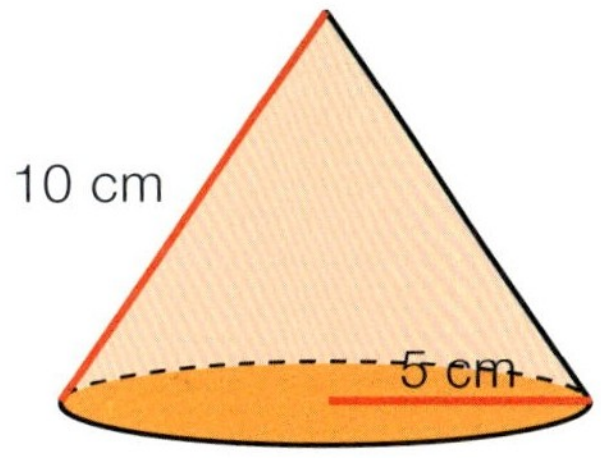

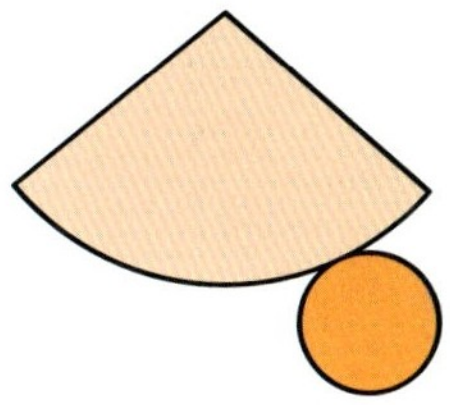

2 Piensa y calcula el área de estos cuerpos redondos.

- Un bote de conservas cilíndrico de radio 8 cm y altura 12 cm.
- Un cono de plástico de radio 10 cm y generatriz 20 cm.
- Una bola de madera de radio 40 cm.
- Una vela con forma de media esfera, de radio 6 cm.

3 Halla el área de cada figura.

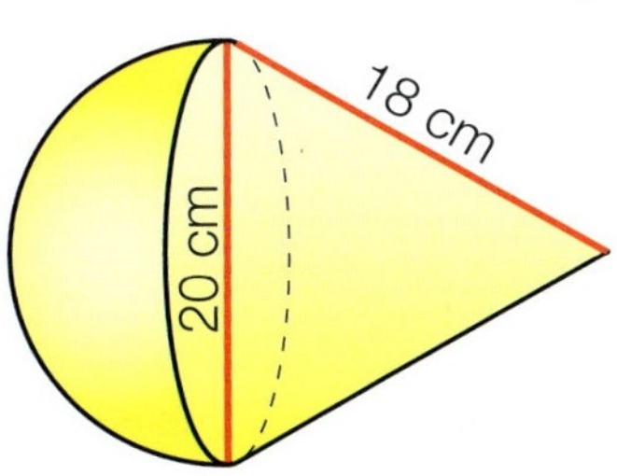

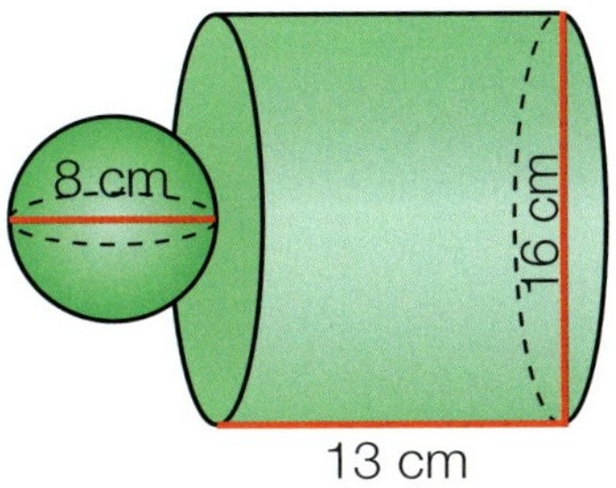

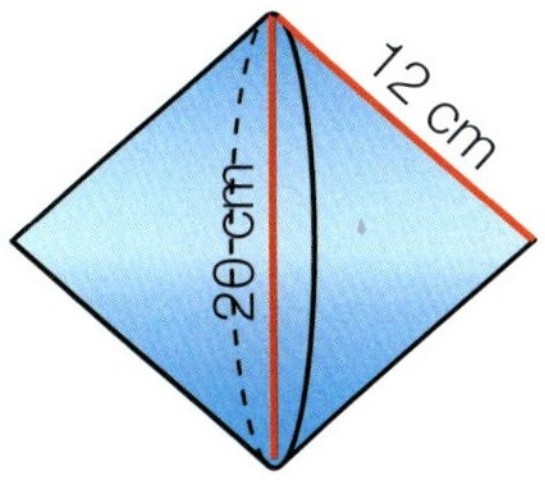